内燃机活塞内冷油腔内两相流的流动与换热机理研究

邓立君　著

吉林大学出版社

·长春·

图书在版编目(CIP)数据

内燃机活塞内冷油腔内两相流的流动与换热机理研究/
邓立君著. — 长春：吉林大学出版社，2021.7
　　ISBN 978 - 7 - 5692 - 8442 - 3

　　Ⅰ. ①内… Ⅱ. ①邓… Ⅲ. ①内燃机 - 活塞 - 换热系
统 - 研究 Ⅳ. ①TK403

中国版本图书馆 CIP 数据核字(2021)第 126948 号

书　　　名	内燃机活塞内冷油腔内两相流的流动与换热机理研究
	NEIRANJI HUOSAI NEILENG YOUQIANG NEI LIANGXIANGLIU DE LIUDONG YU HUANRE JILI YANJIU
作　　　者	邓立君　著
策划编辑	吴亚杰
责任编辑	刘守秀
责任校对	甄志忠
装帧设计	怀兴文化
出版发行	吉林大学出版社
社　　　址	长春市人民大街 4059 号
邮政编码	130021
发行电话	0431 - 89580028/29/21
网　　　址	http://www.jlup.com.cn
电子邮箱	jdcbs@jlu.edu.cn
印　　　刷	三河市德利印刷有限公司
开　　　本	787mm×1092mm　1/16
印　　　张	13
字　　　数	190 千字
版　　　次	2022 年 5 月　第 1 版
印　　　次	2022 年 5 月　第 1 次
书　　　号	ISBN 978 - 7 - 5692 - 8442 - 3
定　　　价	50.00 元

前　言

随着内燃机强化程度的不断提高，活塞热负荷问题凸显。解决活塞热负荷问题已成为内燃机强化提高的瓶颈问题。采用活塞强化冷却技术是解决该问题最有效的手段之一。目前，内燃机活塞普遍采用内冷油腔结构，冷却油与空气形成的两相流在油腔里不断振荡可以形成强化换热的效果。因此，内冷油腔内两相流流动和传热已成为近年来研究的热点，但目前缺乏机理研究。

本书致力于活塞的传热系统研究，利用计算流体学基础和活塞温度场有限元分析系统，在大量试验数据的基础上创新性地提出了油腔中两相流循环特性的若干假设，并建立了喷嘴的喷油模型；通过开发专门的瞬态机油打靶可视化试验平台，将试验结果结合有限元模拟、CFD 模拟、动力学分析及推导计算等方法确定出两相流体传热的初始条件和边界条件，提出了油腔内两相流振荡流动特性的主要影响因素，建立了带有修正项的对流换热准则关联式，揭示了内冷油腔内两相流的流动与换热的机理，从而为活塞冷却系统的设计优化提供了直接可靠的计算依据，并为发动机性能的提升奠定了理论基础。

本书由滨州学院邓立君编写，且由"滨州学院学科强基筑峰工程经费资助"出版。由于编者水平有限，书中疏漏之处在所难免，请广大读者批评指正。

本书的主要工作如下：

1. 内冷油腔冷却喷嘴射流特性研究

通过搭建喷嘴喷流试验台，对不同喷油压力和喷油温度时的冷却喷嘴喷流进行了试验研究，得出了内冷油腔进油口捕捉率与喷嘴出口到喷流截面距离之间的关系。研究发现：喷油压力越大，喷油温度越高，喷油油束的发散角越大，从而影响内冷油腔的回流量。另外根据试验数据计算结果显示，冷却喷嘴喷流为层流射流。

在试验研究的基础上对喷嘴喷流进行仿真计算分析，探讨喷嘴喷流压力、喷流速度和喷流距离、喷流半径等之间的关系。模拟结果显示：喷口附近核心区速度的最大值在偏移中心 0.2 ~ 0.6 mm 的地方，且随着压力增加，核心区速度最大值的速度梯度增大；随喷流截面和喷口距离的增加，截面轴心速度的作用越来越小，喷流径向截面速度的衰减越来越平缓，且喷流截面速度随喷流径向截面位置的改变，其分布规律具有相似性；流体喷入空气后，距离喷嘴 0 ~ 28.6 mm 内，喷流速度随距离增加而逐渐衰减，随着射流的进一步发展，在距离喷口 28.6 mm 附近，机油与空气进行质量和能量的剧烈交换，截面轴心速度衰减加剧，造成喷流速度急剧下降。另外，研究显示喷嘴喷油量对内冷油腔环形腔内的静态填充有很大的影响。

最后，建立了冷却液由喷嘴喷出到油腔入口段的集束层流非淹没射流模型，得到了流速、流量、喷油压力、喷嘴半径以及扩展角在各截面处的关系以及截面轴心速度与喷流距离等的变化规律。

2. 内冷油腔内两相流动态特性的试验研究

为了揭示各因素对两相流流型的影响程度及相应的流型转换机制，采用试验手段对两相流的流动形态进行了探讨。考虑活塞运动对流动形态的影响，对内冷油腔内两相流流动形态的形成及转变进行理论分析，提出了面积覆盖率的概念，建立了两相流流动形态的预测模型，并对内冷油腔内两相流的传热强度进行判定。

开发了一种动态可视化打靶试验台，可以实时监测内冷油腔内流体的流动形态。通过拍摄设备直接观测内冷油腔内两相流的流动形态，对比出不同转速、喷流压力、喷流温度、静态填充率、内冷油腔大小和截面形状等条件下内冷油腔内两相流流动形态的变化。结果显示：发动机转速较低时，内冷油腔内两相流以波状流为主，随着发动机转速增加，"液塞"现象越明显，发动机转速越高，机油振荡越剧烈，内冷油腔内两相流流动形态越复杂；喷油温度的不同直接导致了机油黏度的改变。随着机油黏度增大，内冷油腔内流型转变加速，使得内冷油腔内出现"液塞"现象所需的发动机转速降低；内冷油腔的截面形状对其运动形态影响较大，腰形内冷油腔内的两相流分布比较规律，内冷油腔上行时，右侧的机油比较早地撞向油腔顶部，下行时，则是左侧比较早地撞向底部，椭圆形内冷油腔内的机油，形成"液塞"趋势的位置比较多，而水滴形内冷油腔下行时，大多数循环中都是靠近内冷油腔进出油口的机油先向下形成"液塞"，从而中间形成一个比较大的空气区。相比之下，喷油压力对油腔内的流动影响可忽略不计。

综合来看，内冷油腔腔内两相流流动形态的主要影响因素为填充率、油腔形状和发动机转速。

3. 内冷油腔内两相流动态特性的数值研究

通过 CFD 计算模型对内冷油腔内两相流的流动进行仿真计算，对比了不同发动机转速、喷流压力、喷流温度、内冷油腔大小和截面形状等条件下，内冷油腔内两相流的面积覆盖率及传热特性，仿真结果与试验结果吻合良好。

结果表明：内冷油腔上下壁面的传热系数随曲轴转角的变化规律相反，内外壁面的传热规律则呈现一致性；喷油温度不同，机油的黏温特性不同，从而影响内冷油腔内的面积覆盖率及其传热特性；转速不同，机油在内冷油腔内的振荡强度不同，从而改变内冷油腔内的湍流强度及其变传热特性；油腔结构不同，直接影响机油填充率及其在往复运动时对油腔壁面的冲刷程度，从而影响换热效果。

4. 内冷油腔综合传热模型的建立

从工程应用的角度出发，结合试验研究和数值模拟结果，利用管内强制对流基础关联式，在努谢尔特、普朗特和雷诺准则的基础上运用最小二乘法拟合出带有修正项的准则关联式，建立了瞬时对流传热系数的预测模型。

模型建立过程中发现：对于内燃机活塞内冷油腔，发动机额定转速内随着发动机转速的提高，流体的黏性底层厚度减小；不同缸径任意发动机转速时，黏性底层厚度都大于内冷油腔管壁的粗糙度；相同发动机转速时，随缸径增加，黏性底层厚度减小；雷诺数和普朗特数乘积的自然对数值仅和发动机转速有关，而且随其增加而增大。

通过数值法对假设条件、忽略因素、非稳定性等进行影响程度分析，并通过有限元分析结合硬度塞测温试验对关联式计算得到的传热系数进行误差分析，确保计算方法、结果的准确性和适用性。结果显示，内冷油腔传热系数预测模型可以有效预测不同发动机转速、缸径、机油温度时活塞内冷油腔内流体的对流传热系数，可为活塞内冷油腔的设计提供理论基础。结合试验研究和数值模拟结果还可以得知，内冷油腔往复运动时，不同曲轴转角时的传热系数可以在此关联式的基础上通过壁面的面积覆盖率进行修正。

5. 内冷油腔的换热特性对活塞可靠性的影响

结合硬度塞测温试验，利用有限元分析软件、疲劳分析软件和动力学分析软件，模拟内冷油腔对活塞热负荷的影响，分析探讨了油腔位置对活塞热负荷的影响，内冷油腔的设置对活塞二阶运动的影响，以及镶圈内冷一体新型活塞结构对活塞强度的影响。冷却效果证明内冷油腔的使用可大大降低整个活塞的温度，而且在结构强度允许的范围内，内冷油腔在活塞头部的位置越高，活塞头部冷却效果越好，热负荷越低。研究还发现，内冷油腔的使用可降低活塞运行过程中的变形量，并减小活塞与缸套之间的作用力，从而明显改善活塞的摩擦磨损、侧向力及裙部压力等。但是，活塞的二阶运动平稳性会有所降低，同时也会增大活塞的敲击噪声，因此还需要对活塞的裙部型线进行相应的优化。对新型内冷油腔结构的研究发现，镶圈内冷一体的结构能更好地避免应力集中现象，既可以通过内冷油腔降低整个活塞的热负荷，又可以通过使用镶圈来提高环槽的耐磨性以及第一环槽和燃烧室的强度。

综合以上研究可以发现，内冷油腔的传热效率影响了活塞的热负荷，内冷油腔内两相流的流动形态与其传热规律有密切联系。发动机转速、喷油压力、喷油温度、内冷油腔截面大小等影响因素直接或者间接地影响了两相流的流动形态，两相流的流动形态直接反映了两相流的分布，决定了液相对内冷油腔的有效冲刷面积，表征了传热的强度大小。另外，由于模拟计算中没有考虑轴向平面中气液界面的变化，忽略了气液两相流交替振荡带走的热量，因此数值模拟结果与本书所总结关联式的结果相比偏低。

关键词：内冷油腔；两相流；流型；面积覆盖率；传热系数

符 号 说 明

符 号	意 义
A_0	喷嘴出口截面积，mm^2
A_j	喷流截面的面积，mm^2
A_{in}	内冷油腔进油口处的截面积，mm^2
A_c	内冷油腔截面积，mm^2
a_i，$i=1$，2，3	不同缸径时雷诺数和普朗特数乘积的 ln 值
d	喷嘴出口直径，mm
C_l	液相所接触的油腔的周长，mm
C_g	气相所接触的油腔的周长，mm
C_i	气液两相界面的长度，mm
D	活塞缸径，mm
D_0	喷嘴内径，mm
D_e	内冷油腔的当量直径，mm
g	重力加速度，m/s^2
v	喷油的运动黏度，m^2/s
Q_0	喷嘴出油口累积的流量，g/min
Q_{in}	进入内冷油腔进油口的累计流量，g/min
ρ	密度，g/cm^3
t	时间，s
l	喷嘴出口截面和喷流截面之间的距离，mm
d	垂直部分进油口直径，mm
H_e	内冷油腔的高度，mm
H	传热系数 $W/(m^2 \cdot K)$
h_l	液相高度，mm
h_g	气相高度，mm
F_A	面积覆盖率
k	内冷油腔内流体的导热系数，$W/(m \cdot K)$
N	发动机转速，$r \cdot min^{-1}$
P	湿周长，即内冷油腔截面周向长度，mm
R	喷流截面的半宽度，mm
R_j	喷流半径，mm
Re	雷诺数

续表

符　号	意　义
s	内冷油腔的长度，mm
T	热力学温度，K
u	流体速度，m/s
u_m	喷嘴射流中心轴的轴向速度，m/s
x	包括入口段在内的管道总长度，mm
x_0	喷流极点与喷嘴出口截面的距离，mm
η	捕捉率，%
η_A	内冷油腔进油口处截面的机油捕捉率
θ	喷流扩散角
δ	内冷油腔黏性底层厚度，mm
μ	机油的动力黏度，Pa·s
λ_1，λ_2	分别为雷诺数为 10^5 前后的紊流光滑管区的沿程损失因数
ρ	流体的密度，kg/m³
ρ_k	内冷油腔进油道与周向内冷油腔连接处的曲率半径
下角标	
f	流体平均温度值
g	气体
l	液体
w	壁面温度值

目　　录

第1章　绪　　论

1.1　活塞简介

活塞是发动机气缸体中做往复运动的机件。承受交变的机械负荷和热负载荷，是工作环境中条件最恶劣的零部件之一。活塞的主要作用是承受气缸中的燃烧压力，并且将此力通过活塞销和连杆传给曲轴。发动机工作可以分为四个过程，分别为进气行程、压缩行程、动力行程和排气行程。进气行程是活塞向下运动，进气门开启，汽油和空气混合进入气缸。然后进气门关闭活塞向上运动压缩混合气体是压缩行程。动力行程是因为混合气体被压缩，通过高压电流产生火花，火花引起混合燃烧气体燃烧，温度达到一定时使气体急剧膨胀产生压力推动活塞向下运动，通过连杆作用使曲轴旋转。排气行程是活塞向下运动后排气门打开将燃烧的气体排出。发动机通过这样的反复运动使其不断产生动力。活塞与活塞环、活塞销等零件组成活塞组，与气缸盖等共同组成燃烧室。在活塞组与气缸的配合过程中，活塞环是活塞组中真正与气缸壁接触的部件，用来封闭燃烧室所以活塞环是活塞因磨损而容易损坏的地方。

活塞在高温、高压、高速的工作条件下工作，在工作过程中承受着很高的热负载和机械载荷。其中，活塞顶部承受最高的温度，因此在设计过程中需要根据不同的需求来设计活塞。活塞主要位置有活塞顶部、活塞环槽、活塞裙部。

活塞顶部是燃烧室的组成部分，它承受着较大的热载荷。其形状与所选用的燃烧室有关，都是为满足可燃混合气体形成和燃烧的要求。活塞根据顶部形状大致可分为四类，分别为平顶活塞、凸顶活塞、凹顶活塞和成型顶活塞，如图1.1所示。

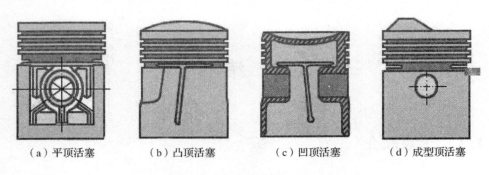

（a）平顶活塞　　　（b）凸顶活塞　　　（c）凹顶活塞　　　（d）成型顶活塞

图 1.1　活塞顶部结构示意图

平顶活塞顶部是一个平面，其特点是简单、制造容易、受热面积小，顶部受力较为均匀。一般在汽油机上比较常见，柴油机很少采用。凸顶活塞顶部凸起呈球顶形。活塞顶部有较高的强度，且起到导向作用，有利于换气过程。二行程汽油机采用凸顶活塞较多。凹顶活塞顶部呈凹陷形，凹坑的形状和位置有利于可燃混合气体燃烧，有双涡流凹坑、球形凹坑、U 形凹坑。此类活塞在柴油机活塞上应用比较广泛。由于特殊的顶部形状可满足燃烧过程中的不同要求，因此对燃烧室有特殊要求的柴油机一般使用成型活塞，主要用于二冲程发动机。

活塞各部位名称如图 1.2 所示。

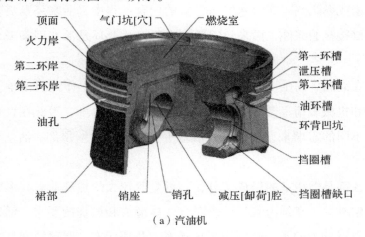

（a）汽油机

图 1.2　活塞各部位名称

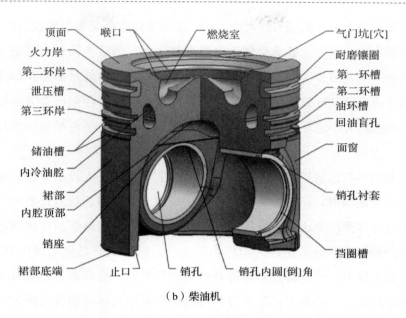

（b）柴油机

图 1.2 活塞各部位名称（续）

活塞头部包括活塞顶至油环槽下端面之间的部分。活塞头部应该足够厚，从活塞顶到环槽区的断面变形尽可能圆滑，过渡圆角要尽可能大，以减小热流阻力，便于将温度从活塞顶部传给活塞气环。活塞环在活塞环槽上配合活塞密封气缸阻挡可燃混合气体进入曲轴箱内。活塞环可以将混合气体在燃烧室燃烧产生的热量传递给气缸壁，再由冷却水传出，增加活塞整体的散热性能，减少活塞顶的温度。柴油机活塞环一般有四道，上部三道环槽安装气环，下部一道环槽安装油环。汽油机一般有三道环槽，上两道为气环，下一道为油环槽。第一道环槽工作条件最恶劣，为了保证其寿命，一般离活塞顶部远一些。油环可以根据不同情况选择整体式或者组合式两种形式。活塞环槽区除了安装活塞环外还有密封和传热的功能，与活塞环一起密封气缸，将热量通过活塞环传给气缸壁。

活塞裙部是指从活塞油环下端面起至活塞最下端的部分，包括与活塞销配合的销座孔。活塞裙部对于活塞做反复运动起到导向作用，并承受着气缸壁带来的侧压力，可以将活塞承受的部分热量传给气缸壁，控制耗油量。裙部的长短取决于活塞侧压力的大小。活塞裙部设计主要是来自侧压力的大小，活塞裙部面积小时不能够承受侧压力带来的压力，当活塞面积大时会使活塞变沉从而影响耗油量，因此需要合理设计。所谓侧压力就是活塞顶部压力带来的水平方向对气缸壁的压力，活塞压缩行程和动力行程侧压力方向刚好相反，它们力的大小也不一样，动力行程的侧压力要大。活塞裙部受侧压力面被称作推力面。

活塞销座与活塞销配合使用，活塞销座主要作用是支撑活塞销，它们之间需要润滑油润滑，在自由转动时可减少摩擦。工作时，活塞顶部由于燃烧产生大量气体而产生压力，从活塞顶部向下传递，通过活塞销传递到连杆然后带动曲轴转动。活塞销作为力传递的工具，所以要有足够的硬度和强度。在发动机工作中，活塞部位的疲劳磨损是最常见的，而活塞销也是其中疲劳损伤的部位之一。活塞中有较大的压力但是活塞销与活塞销孔之间的接触面积有限，所以容易损坏。活塞销孔失效的形式有销孔表面拉毛、销孔开裂、销孔破碎等。主要失效原因是设计活塞顶部力传递下来过大活塞销无法承受，所以活塞销座的可靠性尤其重要。

活塞是内燃机中最重要的零部件，工作中受到高强度的周期性机械负荷与热负荷冲击，随着车用发动机向着高速化、高强化方向不断革新，目前活塞所承受的最高燃气爆发压力已经高达 25 MPa，并且随着技术进步会越来越大。活塞的变形量随温度的增高而加大，高强度的热负荷会使活塞产生较大的热变形和热应力，一旦活塞的温度超过活塞材料所能承受的温度极限，其强度将大大降低，容易产生热黏着、活塞环的黏卡、环槽磨损加剧，从而导致气密性和功率的降低以及启动差等故障，严重时还可能烧毁。由此，活塞热负荷直接影响着内燃机活塞的耐久性、可靠性、经济性，是内燃机进一步强化受到限制的主要因素之一。可见，降低活塞的热负荷和热强度的问题是增强内燃机工作可靠性和提高内燃机整机技术水平的关键。为了提高活塞的可靠性和使用寿命，降低热应力和机械应力，国内外研究工作者在加强高温表面的冷却、改进材料、改进结构、提高刚度等方面进行了大量的研究工作。但目前影响降低活塞的热负荷的因素及其基本规律尚未被人们全部掌握，且实测技术尚需进一步发展。因此，进一步深入研究影响活塞热负荷的因素以及如何定量计算和采取减小热负荷的措施等方面的研究是有实际意义和理论意义的。

目前应用于活塞冷却的方式主要有：无喷油冷却（空气自然冷却）、有喷油冷却（内腔喷油冷却）、内冷油腔冷却等，在当前技术条件下降低活塞温度最有效的办法是对活塞进行喷油冷却。按照喷油位置和喷射点的不同，喷油冷却又分为自由喷射冷却法、振荡冷却法和强制冷却法。计算机硬件和软件的快速发展，为模拟计算提供了有力支持。国内外研究学者利用计算机模拟计算对降低活塞温度的冷却方法进行了大量研究。随着内冷油腔冷却在不同载荷和类型的内燃机活塞上广泛应用，内冷油腔冷却成为近年来的研究热点。

活塞头部的散热问题是活塞可靠性的关键所在。活塞头部布置内冷油腔（见图1.3）对活塞进行冷却，有效增加了活塞头部的散热性能。内冷油腔冷却活塞的过程是通过气缸下部的一个或多个喷油嘴对准活塞的进油孔进行喷油，由于进入冷却油道的冷却油受到惯性作用，在油道内与壁面产生了较大的相对速度，进而形成了强烈的振荡。在此过程中，影响冷却效果的因素较多，如填充率、机油流量、发动机转速、喷孔直径、内冷油腔表面积与活塞顶面面积的比值、内冷油腔形状等。

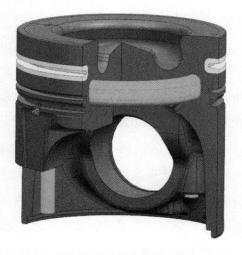

图1.3 内冷活塞示意图

1.2 研究背景

近年来，为满足发动机低排放、轻量化、高功率密度等要求，高压共轨、废气再循环以及低压缩比等技术不断升级，这使得作为发动机心脏的活塞其热负荷急剧增加[1-2]。过高的活塞温度会带来一系列问题，如材料强度急剧下降，裙部翘曲拉缸，机油结焦导致活塞环卡死，温差过大产生低周疲劳，另外顶面温度过高还会降低充量系数，诱发早燃，进而出现顶部烧蚀以及发动机功率不足、油耗增大、有害排放物增加等现象[3-5]，因此亟须采取有效措施降低活塞温度。

应用于活塞冷却的方式有很多，例如无喷油冷却（空气自然冷却）、有喷油冷却（内腔喷油冷却）、内冷油腔冷却等。不同的冷却方式导致活塞中热通量的不同分布。目前，常用的冷却方式有两种，一种是通过向活塞的内腔表面喷油来实现冷却，一种是通过油腔内机油的振荡带走热量。与其他冷却技术相比，内冷油腔是活塞强化传热中非常有效的结构，在降低活塞头部热负荷的过程中占有主导地位。研究证明，设计良好时流经油腔的冷却液能带走约50%的热量[6]，如图1.4所示。随着内冷油腔冷却在不同载荷和不同类型的内燃机活塞上广泛应用[7]，内冷油腔冷却成为内燃机传热领域的研究热点。

活塞内冷油腔中的流体冷却是一个极其复杂的对流换热过程，是带有振荡效应的气-液两相流强化传热过程。首先，内冷油腔是具有不规则截面的环形通道，入口与出口相对，机油入射后会向两侧分流形成沿管周向流动，汇集到出口处流出，与此同时，发动机工作时活塞沿气缸轴向高速往复运动，机油喷嘴则在气缸底部以一定速度向油腔入口喷射机油，综合以上条件形成了冷却液在油腔内特有的振荡流动[8]，其中发动机转速、活塞行程、机油喷射速度、油腔截面形状等均会对冷却液的捕捉率、填充率、湍流强度以及流动特性等产生影响，进而改变冷却效果，通过实验及数值模拟分析，发现

40% ~60% 的填充率有利于形成较强的湍流及传热效果[7]，但初始条件 – 循环特性 – 冷却效果之间量化的影响规律尚需进一步研究确定。另外，机油进入到油腔后，由于振荡及湍流作用还会产生众多的气泡，形成气 – 液两相流动，其中两相分布、速度、含气率等对流体流型、导热能力等具有决定性作用[9]，需作为基础流动特性综合考虑。与此同时，特殊情况下冷却液的传热机理研究还需要建立准确的热边界条件，包括油腔壁面温度分布、冷却液的出入口温度等[10]，其中壁面温度分布通常需要由活塞的温度场获得，而在建立活塞温度场的过程中油腔中冷却液的传热又成为其关键的热载荷之一，因此两者形成相互依赖相互制约的关系，分析过程需要不断地耦合优化。

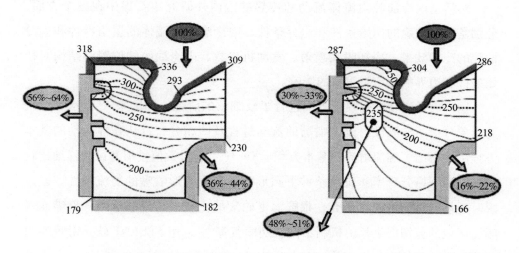

图 1.4 内冷油腔冷却效果图

内冷油腔流动传热对活塞的冷却至关重要。但是，目前的研究仍带有若干不确定性。因此，为了更全面地量化传热特性和冷却效果的变化规律，优化结构及传热性能，有必要进一步对其进行深入的研究和分析，分析其流动和传热特性并解释其内部的传热机理，为活塞冷却系统的设计优化提供直接可靠的计算依据，进而为发动机性能的提升奠定理论基础。

1.3 内冷油腔的研究现状

内冷油腔按照封闭型式可以分为闭式内冷油腔、开式内冷油腔、半开式内冷油腔。目前对于内冷油腔的研究，研究人员主要通过数值模拟分析法、实验分析法，或者两者相结合的方法对内冷油腔内流体的流动和传热进行理论分析和应用研究，而对于内冷油腔数值模拟和实验的研究都处于发展阶段。下面将简要论述国内外关于内冷油腔传热的相关研究状况。

1.3.1 理论研究现状

对活塞内冷油腔内流体流动和传热的国内外研究主要集中在三个方面，分别是确定准确的初始条件和边界条件、内冷油腔内流体的振荡特性和内冷油腔的冷却效果。冷却喷嘴喷射、发动机参数、内冷油腔的位置和结构对初始条件和边界的确定有很大的影响。

国内外学者在喷嘴喷射方面进行了较细致的研究。杨国来[11]以水和空气为对象分析了非淹没射流下喷嘴的流动过程及两相分布，从黏性运动的基本方程出发得出了湍流射流的基本方程。Xia H[12]通过数值模拟和试验详细比较了相同的网格分辨率和流动条件下圆形喷嘴和锯齿形喷嘴的射流特性。通过瞬时近场的流场可视化研究，根据涡度轮廓的比较，结果显示两种喷嘴在近喷嘴区域的剪切层生长的机制不同。刘丽芳等[13]采用 FLUENT 软件对喷嘴内部流场进行了仿真分析，并加以实验验证，有效预测了射流速度。

Carlomagno G M[14]主要研究了从喷嘴到平板短距离内的流动结构及其动态特性。Ayech S B H[15]采用改进的低雷诺数 $k-\varepsilon$ 模型，利用有限差分法对控制方程进行数值求解，主要研究了速度比对流动的动态、热和湍流特性的影响。另外，研究表明潜在核心区内同向协同射流对喷嘴射流动态特性、温度和湍流参数的影响是可以忽略不计的。

Sandeep Kumar Goyal 和 Avinash Kumar Agarwal[16-17]使用数值模拟与实验相结合的方法研究了简化后的喷嘴射流，并通过对活塞温度分布的模拟，预测活塞内腔的传热系数，其结果有助于预测喷嘴射流速度、喷嘴直径和喷嘴与活塞的相对位置。

文献［18 - 25］对不同结构的内冷油腔进行了模拟和实验研究，得到不同内冷油腔形状对冷却效果及活塞温度场分布的影响，这些均为冷却液振荡流动特性的研究奠定了基础。目前腰形、水滴形和椭圆形内冷油腔使用较广。

谭建松[26]通过建立活塞与周围环境的传热模型，使用有限元分析的方法对椭圆形内冷油腔的冷却效果进行仿真研究，提出减小内冷油腔和活塞顶面的距离可以降低头部温度的结论。邓君[25]对特定型号活塞的椭圆形内冷油腔进行仿真研究，考虑了喷油速度的影响，发现内冷油腔主要通过影响燃烧室底部温度进而影响活塞整体温度，提高喷油速度的同时将内冷油腔在轴向上移 2 mm 可增加内冷油腔的换热量。

原彦鹏[27]在性能计算的基础上确定了有限元分析的热边界条件，研究了椭圆形内冷油腔轴向位置和径向位置对冷却效果的影响，结果表明，轴向位置对活塞温度影响很大，尤其对活塞顶部温度和第一环槽温度，影响更为明显。而径向位置对活塞温度场的影响则比较小。

吕彩琴[28]对水滴形内冷油腔进行有限元分析，对比不同内冷油腔位置的两种方案，分析发现将内冷油腔位置上移，可以有效降低第一环槽的温度。冯耀南[29]进一步考虑内冷油腔的位置对活塞第一环槽温度的影响，提出将内冷油腔上移 1 ~ 4 mm，可以有效改善活塞热流分布，从而解决第一环槽温度过高现象。

除了柴油机活塞，某些汽油机活塞也会采用内冷油腔结构对其头部进行降温。Zhang Hongyuan[30]介绍了汽油机活塞的热分析原理，得出了活塞顶部、活塞的热交换系数的分布，对冷却水的换热系数进行了计算，对活塞温度场的计算采用有限元法，通过与实测温度反复比较，得到活塞顶和第一环槽温度较高的结论，并在此基础上提出了采用内冷油腔的优化方案。

与普通流体传热不同，活塞内冷油腔冷却液传热具有典型的振荡强化特征。因此，内冷油腔内特有的两相流振荡流动特性的研究是理论研究的重要部分。关于气液两相流，王经等[31 - 34]使用理论分析、数值模拟和实验相结合的方法，将有关动态波动理论与系统辨识理论、数据处理、数据采集技术相结合，深入研究了其动态流动特性及流型过渡机理，为管内两相流流动和传热的研究提供参考和依据。

Hidehiko Kajiwara 和 Yukihiro Fujioka[35-36]用数值方法研究了二维空腔中的振荡传热问题，通过模拟计算得到内冷油腔的传热系数，预测活塞往复运动时内冷油腔的温度，进一步预测整个活塞头部的温度分布。

Fu W S[37]将三维内冷油腔简化成"Π"形状的二维通道，从而转化为一种动边界问题，利用有限元方法和拉格朗日动力学方法模拟了活塞冷却传热速率受振荡频率、振幅以及雷诺数的影响。结果表明，振荡频率、振幅和雷诺数越大，传热现象越明显。比起振幅和雷诺数的影响，振荡频率对传热机理的影响更为显著。而且，伴随着通道上下运动，通道的体积随之减小和增大，导致冷却液在出口段的质量流量呈周期性变化。

Jinfeng Pan，Roberto Nigro[38]对二维和三维模型下内冷油腔的振荡特性进行研究，模拟了整个喷油过程和不同曲轴转角时内冷油腔的传热，得到不同曲轴转角时机油在内冷油腔内的分布和填充率随曲轴转角变化的规律，并进一步研究了填充率对传热系数的影响。

Yong Yi 等人[39]使用多相流模型对内冷油腔的流动与传热进行模拟计算，并与实验相结合，验证了内冷油腔的振荡传热数值模型的准确性。吴倩文[40-41]采用动网格技术和多相流模型，对内冷油腔振荡特性进行模拟分析，结果表明：不考虑喷油量的影响，随着发动机转速的提高，填充率随之降低，平均换热系数反而略有增大，此时活塞温度变化较小；不考虑转速的影响，随喷油量增加，内冷油腔填充率增大，换热系数也随之增大，此时活塞温度明显降低。

Yoshikawa T 和 Reitz R D[42]考虑内冷油腔在往复运动下的振荡效应，并将其与已有实验数据对比，结果一致性较高，研究表明通过数值模拟可以有效预测内冷油腔的平均传热系数。

对内冷油腔传热系数的预测，是内冷油腔冷却效果研究的前提。Bush[43]基于一系列管内强制对流换热实验的基础上提出了传热关联式，对内冷油腔的传热系数进行预测。French[44]考虑机油动态黏度的影响，进一步修正了Bush 的实验关联式。Evans 和 Hay[45]总结了以往学者对实验关联式的研究及成果，然后对不同曲轴转角位置的内冷油腔内流体的流动情况进行分析，总结了传热系数的影响因素，并给出新的传热系数计算关联式。

Robinson[46-48]通过 CFD 模拟了内冷油腔的热传递过程，并对其进行分析。考虑流动入口、未加热段以及表面粗糙度对分析结果的影响，建立关联式，对传热系数进行预测。通过简易的试验装置模拟活塞的内冷油腔，使其可以测得热流量，对内冷油腔的传热关联式的准确性进行试验验证。

除了对内冷油腔振荡传热特性的研究和传热系数的预测，冷却介质的替换、流动形态的识别以及机理研究的理论方法也成为研究的新方向。

Choi[49]提出了纳米流体的概念，它是一种新型的传热或冷却介质。大量的实验表明纳米流体具有良好的传热能力[50-52]。吕继祖，王鹏[53]将其应用于内冷油腔，作为新的冷却介质进行研究。采用 CFD 多相流模型结合 Level - set 的数值方法，对比不同冷却介质时内冷油腔内多相流的流动与传热特性，讨论了振荡频率和填充率的影响。研究结果表明，纳米流体作为新的冷却介质，其传热系数更高，但纳米粒子加入后油的分布并没有显著变化，这表明，纳米流的传热增强不依靠提高油的填充率。纳米流体占冷却介质 1%，2%，3% 体积分数时，内冷油腔壁面整体的平均换热系数分别增加 12.01%，29.14%，44.33%，由此可以看出，纳米流的加入可以更有效地降低活塞的热负荷。

朱海荣[54-55]对活塞内冷油腔的振荡过程进行简化，并忽略介质间的传热，对建立的连续性方程、物性参数方程、动量方程、能量方程进行求解，定义了有效速度的概念，研究了内冷油腔壁面传热系数和场协同性能的关系，提出了一种展示对流换热机理的新理论。

黄荣华[56]用试验和数值模拟相结合的方法研究了振荡油腔的冷却机理。通过机油喷射系统进行机油喷射试验，并对仿真结果进行标定，验证了模拟结果的可靠性。通过 FLUENT 软件模拟分析了振荡油腔在一定喷油压力下，改变油温后的流动形态，分析了油温对机油流动的影响。结果表明：随着机油温度升高，油腔入口流量随之变化，填充率也随之变化。

综合来看，对于内冷油腔内流体流动和传热的理论分析，大多是对传热影响因素和传热系数的研究。利用相似原理，建立试验平台，提出传热关联式。或者利用数值模拟分析的方法研究各个参数对内冷油腔内流体流动和传热的影响，如发动机转速、活塞行程、机油喷射速度，内冷油腔位置、形状、大小，内冷油腔进口的捕捉率，内冷油腔的填充率、流体的湍流强度等。从理论研究现状来看，对于腔内流体流动形态的研究较少，对内冷油腔内流体流动的机理探索不深；对内冷油腔传热的研究，无论是试验还是数值计算都进行了不同程度的简化，与实际的运动存在一定偏差。

1.3.2　实验研究现状

由于活塞内冷油腔空间小，结构复杂，对内冷油腔内的机油进行精确的视觉观察和传热特性的研究是相当困难的。现有研究大多是模拟稳态环境或者将内冷油腔进行简化，对简单的管道进行动态研究。

通过实验手段可以直接获得发动机运行时，活塞的表面温度，以此来验证数值研究的准确性。对带内冷油腔活塞的温度场进行研究，使用较多的方法是有限元模拟和台架实验测试相结合，模拟技术已比较成熟，通过在模型上设置不同的材料属性、约束条件以及热载荷等可得到不同工况下活塞的温度场分布[57]。

黄泽辉[58]通过搭建活塞振荡冷却油腔试验台，测量了活塞某些部位的温度值及内冷油腔的流量，然后结合 CFD 数值计算对振荡油腔的喷油冷却进行模拟分析，最后通过试验中测得的内冷油腔的流量对仿真模型进行验证，获得内冷油腔换热边界条件。

为了分析活塞热负荷较大导致的活塞失效，了解活塞的温度分布，往往需要测量活塞的温度场，黄荣华等[59]综述了活塞温度测量的方法，并给出了各自的特点。

实验测温以硬度塞法较为普遍[60-61]，但此种方法只能测出整台试验中活塞达到的最高温度，出于对过程温度的需求，Hendrick 等[62-63]开发出不同的活塞温度遥测系统，通过信号发射与接收装置将测得的瞬时温度输送至上位机，实现过程监测。

邹利亚[64]总结了利用硬度塞测量活塞温度的工作过程，并结合实际案例进一步阐明了硬度塞测量的运用。雷基林[65]采用硬度塞测温法测量了 4 工况下活塞头部与侧面 19 个特征位置的表面温度，结合有限元分析了增压柴油机在额定工况下活塞的三维温度场、热应力场及变形。

钱作勤[66]对干式缸套柴油机的活塞温度进行了测量，将其作为有限元分析的温度边界条件，计算出了整个活塞的温度分布。通过对活塞的热负荷和可靠性的研究，提出改进活塞结构的方案，为提高活塞可靠性奠定了基础。

黄琪[67]利用残余硬度法测量活塞温度，为有限元模拟提供验证条件，对活塞各表面传热系数进行调校和修正，以获得较为准确的温度及温度梯度分布。

彭恩高[68]利用存储式稳态活塞温度测试系统，对活塞温度进行测量。综合分析测试结果可知，利用该方法可有效获得部分负荷工况下活塞的稳态温度。

刘金祥[69]提出一种高精度、高抗干扰的多点红外遥测系统来测量内燃机活塞温度。该系统的测试结果表明，系统可实现多点温度测量。

原彦鹏[70]在活塞温度场红外遥测系统的基础上，开发了一种新型的小直径活塞温度场存储测试系统，并进行了实际应用测试。系统满足高可靠性，体积小，功耗低，对温度场影响小的要求，能用于测量瞬态温度场。而且测量结果发现，该装置可以避免经常发生在旧的红外遥测系统中信号中断的弊端。

Wang[71]在总结分析原有活塞温度场红外遥测系统的不足的基础上，在数据采集通道、测量精度、功耗、数据传输的可靠性方面提出许多改进措施。为了满足更严格的工作环境，新的系统直接数字化的温度信号，将数据组装成数据包，然后通过红外传输到外面，并展示了新的系统被应用到某型号柴油机活塞的测试结果。

崔云先[72]研制了一种瞬态温度传感器，针对往复运动时活塞表面温度变化迅速的特点，用于测量活塞表面温度的传感器在一定温度范围内需要具有良好的线性和热稳定性。崔云先研制的该瞬态温度传感器可以满足曲轴转速为 1 800 r/min 瞬态温度测试的需求。

实验研究除了可以对数值研究结果进行验证外，对影响振荡特性和传热效果影响因素的探究也有参考价值。

Jos 等[73]在试验台架上测量了活塞燃烧室喉口、第一环槽等关键位置的温度，然后通过试验研究了不同冷却机油流量对活塞冷却效果的影响规律。研究发现冷却喷嘴出口的机油速度也是影响活塞温度的重要因素之一。

吴义民等[74]搭建了活塞喷油冷却稳态试验台，测量了不同喷油压力、不同位置时活塞在定时间段内不同位置时冷却油腔的回油量和未喷入冷却油腔而回流的油量。

Torregrosa[75]利用机油加热装置和控制活塞油温的系统对活塞内冷油腔内的传热过程进行了研究，得出内冷油腔传热主要依赖于雷诺数、普朗特数和活塞冷却喷嘴与活塞冷却油腔进口的相对距离。

Torregrosa[76]还建立了静态打靶试验台，研究了静止状态下，活塞在不同行程位置时内冷油腔的传热情况，根据传热的影响因素总结了无量纲试验关联式。并通过时间域内积分处理，得到平均换热系数与活塞平均速度之间关联式，但是由于活塞内冷油腔静止状态下的传热过程与往复运动下的振荡传热存在一定差距，用该关联式得到的内冷油腔换热系数偏大。

Pachernegg[77]通过对活塞热流量和分布理论的讨论，指出了它们的局限性。一个简化的理论模型作为指定的边界条件被引入。由实验结果进行评估发现，发动机转速、充电温度、燃烧湍流和平均压力都被确认为是有影响力的参数，并对活塞的冷却液的传热能力进行了讨论。

实验研究还能直接支持对流换热的机理研究。Stevens，Agarwal 等[78]针对无内冷油腔活塞的底部喷流冷却形式进行了实验研究，确定了喷油冷却的效果及重要性。

宣益民、李强等[79]针对纳米流体开发出对流换热系数的实验系统，测量了不同粒子体积份额的纳米流体在一定雷诺数范围内的对流换热系数。骆仲泆、张邵波等[80]则针对不同金属纳米流体，分析得出导热系数、黏度、颗粒粒径等影响对流换热系数的规律。

Woschni[81-83]针对高速柴油机的不同工况，采用松弛法和电解槽模拟法对活塞的稳态温度场进行了测量和评价，由此来获得活塞局部传热系数。为了获得极端条件下的可靠结果，改变极端冷却条件进行一系列的测试。通过对60多个温度场的评价，从而确定了活塞顶部、内腔底部、冷却油腔和活塞环的传热系数。

张晴岚等[84]利用实验研究了组合活塞的传热系数，通过测温实验，分析总结了不同的振荡冷却进出口参数对活塞温度场的影响规律，并通过温度场电算法得到了油腔的换热系数。

Suzuki Y[85]通过实验法研究了25 mm×10 mm的冷却油腔，对不同振动频率时冷却油腔的换热系数进行探讨。

Yang 和 Chang[86-88]对船用活塞进行实验研究，考虑内部惯性力、离心力、往复力和浮力对换热的影响，分析往复运动与肋板之间的关系。研究发现带肋板往复运动油腔流体的努塞尔数是不带肋板油腔内流体努塞尔数的0.7~1.3倍，带肋板往复运动油腔的传热效果相对好些。

随着研究手段的多样化，更多的学者开始尝试不同的手段对内冷油腔进行研究，可视化实验就是其中之一。然而，由于活塞内冷油腔的空间很小而且结构复杂，很难通过实验准确获得随曲轴转角变化时内部油流状态的可视化，也很难得到其传热特性。因此，大部分学者将实验台进行了简化。

Evans[89]对一个开放的内冷油腔进行了可视化实验，并利用数值计算方法总结了一个循环内，内冷油腔的平均传热系数。Marcos M. Pimentel[90]讨论了活塞循环中的油循环，并利用有限元分析方法，对 Evans 的活塞内腔喷流模型进行了扩展，对活塞的温度分布和热通量进行了评价。

Nozawa 等人[91-92]开发了一种专门的装置，对内冷油腔内机油的运动进行可视化观察，并可以测量一个内冷油腔内的机油流量和换热率。

王鹏[93-94]采用高速摄像机捕捉了方形腔内流体在不同曲轴转角的流动形态，探讨了振荡频率、含气率、两相分布等对湍流流动特性及传热机制的影响，探索了往复运动下气、固、液三相流的传热机理（纳米颗粒、基液和空气）。在此基础上，利用三种数值模拟方法（VOF，CLSVOF 和 Eulerian Eulerian）对比发动机转速的影响、纳米流体填充率和纳米颗粒的浓度等。结果表明，纳米流体更适合活塞的强化传热，冷却效果随转速和纳米颗粒体积分数增加而增强。

由以上文献研究可以看出，内冷油腔温度场的研究包括间接的试验验证和直接的试验测量两种方法。利用硬度塞测温和有限元分析相结合的方法，对内冷油腔的温度场进行分析是操作简单、安装方便、稳定可靠、原件损耗代价小、普遍应用的方法。红外遥感测温相对操作起来比较麻烦，但是结果更直接，且精度更高。

利用相似原理，搭建试验平台进行试验研究。然后根据量纲分析的理论，将试验结果整理成用无量纲准则数（常用的有努塞尔数、雷诺数、普朗特数）试验关联式，将其应用于工程计算，是一种常用的方法。但这种方法对于揭示物理现象本质的精确度有待验证。

1.3.3 数值模拟研究现状

实际工程应用中，内冷油腔内两相流的问题很难通过代数运算得到精确的解析解。随着计算机技术的不断进步，动网格技术也在不断发展，基于流体动力学理论的数值计算方法也在不断进步和完善，使得 CFD 逐渐成为流体力学相关科学研究中不可或缺的工具，数值计算研究也日益成为科学问题研究极其重要的分支。

A K Agarwal[95]总结了以往的研究，综述了活塞冷却方式，并建立数学模型和数值模拟模型对其进行比较分析，同时研究了喷嘴位置、喷射速度和油的黏度对活塞温度的影响，对正确选择油型、喷油速度、喷油嘴直径和喷油嘴与活塞底部的距离提供理论支持。

内冷油腔传热是非常复杂的多相流振荡传热的过程，早期的研究仅仅局限于计算活塞温度场[96-99]。通过模拟内冷油腔的温度分布和改变其影响因素后的活塞温度场、应力来研究内冷油腔的传热。

王忠瑜[100]以四分之一活塞为研究对象,采用有限元方法模拟计算了活塞的温度场和热应力。通过计算研究了活塞在燃气爆发压力和温度载荷共同作用下活塞的变形规律,并揭示了活塞顶厚度对活塞温度场和热变形的影响规律。

原彦鹏[101]应用 ANSYS 有限元分析的方法模拟分析了活塞瞬态温度场的变化及热应力分布。结果表明,活塞顶面的温度快速变化而引起的热应力是活塞顶面热负荷较高的影响因素。

李冠男[102]用数值模拟的方法,采用序贯耦合模型对温度场进行求解,在温度场计算的基础上,对活塞的热应力等进行分析,得到降温可以降低活塞头部热负荷的结论。

童宝宏[103]为了研究不同工况下柴油机活塞工作时的变形,采用有限元分析方法进行模拟分析。结果表明,随着柴油机转速的增加,活塞温度升高,活塞变形也随之增大。

胡志华[104]利用 ANSYS 有限元分析软件,研究了内冷油腔截面积的大小对活塞温度场的影响。结果表明,油腔太大时反而使得温度最大值和火力岸温度都明显升高。

刘世英[105]为了获取柴油机工作过程中活塞温度场分布,建立了活塞的模型,通过有限元分析进行温度场模拟及热应力分析。研究揭示了工作状态下各种结构活塞温度场沿其轴向和径向的分布规律。

郑清平[106-107]通过仿真得到了发动机额定工况下活塞内的温度、应力和应变分布,确定活塞最大热变形发生在活塞头部,然后采用有限元法对某增压柴油机内冷油腔结构的合理性进行分析,模拟了内冷油腔对活塞温度分布、变形分布和应力分布的影响,并对内冷油腔的位置进行了分析。结果发现内冷油腔可以有效降低活塞头部的热负荷,内冷油道位置的改变主要影响变形和应力的大小,对其温度分布规律影响不大。

为了更真实地模拟活塞往复运动时的温度场和传热特性,模拟中采用的模型一般取缸套、活塞、活塞销、连杆小头为主要研究对象。

俞小莉[108-110]利用有限元分析的方法,以活塞-缸套-冷却水系统为研究对象，求解流固耦合数学模型，对整个发动机的传热特性进行模拟分析，得出较为精确的活塞温度场分布。

白敏丽[111-112]利用 STAR – CD 模拟计算了某型号柴油机活塞各个组成部件和气缸套组成的模型，分析了模型之间传热特性，并得到活塞的温度场和热流场。

AR Bhagat 等[113]用有限元法对活塞进行热分析。通过对活塞设计过程的描述，结合活塞温度边界条件，给出活塞四冲程发动机的热应力分布。

宁海强[114-115]同样以活塞、活塞销、连杆和气缸套作为研究对象，采用耦合模型，对有无内冷油腔的活塞进行对比计算。通过对标况下温度场、变形和应力场的比较分析，结果表明内冷油腔有效降低了高速柴油机活塞的热负荷。

随着数值模拟软件的发展，动网格技术逐渐被应用于活塞的研究中，内冷油腔的瞬态计算成为研究的热点。由于活塞往复运动的复杂性，内冷油腔的研究大多通过建立合理的物理模型，借助于计算机设备，采用数值模拟的方法进行研究。数值计算方法是否能够准确模拟流体真实的流动过程和预测其振荡传热效果，主要取决于计算模型的选取是否准确。

朱海荣[116]对比了两种湍流模型模拟振荡传热过程。定性和定量地比较了模拟结果，并与实验数据进行对比。结果发现，无论是在封闭的空腔还是一个开放的内冷油腔结构，SST $k-\omega$ 模型都能对振荡运动进行较好的模拟，即使在低雷诺数时也能准确预测传热效果。

朱海荣[117-118]为了进一步确定 CFD 计算中使用的湍流模型，对比不同湍流模型下内冷油腔的填充率和传热系数，并与实验进行对比。结果表明，无论是闭式内冷油腔还是开式内冷油腔，SST $k-\omega$ 模型都与实验结果一致，从而得出其为在高雷诺数和低雷诺数时，准确性更好的湍流模型。

随着振荡强化传热的广泛应用，数值模拟方法也得到进一步发展，Level set、VOF（Volume of Fluid）被用于气液两相流数值模拟中。

曹元福[119]结合 CFD 动网格技术与 VOF 多相流模型，研究了封闭腔中的振荡传热特性。通过分析转速、冲程以及填充率对传热的变化规律的影响，发现振荡能够强化传热。转速是影响振荡强化传热的一个重要因素，冷却效果随着转速的增大而增强。结果还表明，填充率为 30% ~ 60% 范围内时，振荡传热效果最好。

王新[120-121]采用数值模拟软件 FLUENT 对半开式内冷油腔的振荡冷却在不同喷油速度和转速下进行计算研究。研究结果表明：随着发动机转速的增加，内冷油腔进口的捕捉率和填充率降低。随喷油速度的增加，内冷油腔进口的捕捉率和填充率也随之增加。研究结果还表明采用内冷油腔结构可以有效强化换热，模拟结果可以为活塞的优化设计提供一定的参考依据。

吕继祖，王鹏[122]在研究中介绍了铜和金刚石纳米粒子分别加入传统机油中，形成纳米流用于活塞油腔冷却。为了简化数值模拟，将纳米流看作单相流体。通过对油腔内多相流的流动和传热过程进行模拟，给出了不同曲轴转角下填充率和传热系数的分布规律。

朱海荣等[123]也在 VOF 模型的基础上引入了 Level set 函数，并用耦合模型 CLSVOF（Coupled level set volume of fluid）对气液两相流的振荡流动和传热过程进行了模拟，实验证明其传热系数的准确性显著提高。

采用内冷油腔的结构对活塞进行喷油冷却是一个非常复杂的过程，建立一个包括各种因素的瞬间多相流动的模型是极其困难的，因此通过假设来简化这个过程：不考虑油的蒸气相，将其简化为两相流；冷却油腔内的两种流体不相互混合；忽略机油与空气之间的换热。

曹元福[124-125]为了研究内冷油腔进口捕捉率、内冷油腔填充率和换热系数随转速、机油流量的变化规律，采用 FLUENT 的动网格技术结合多相流模型对某型号活塞开式内冷油腔中的振荡流动特性与传热特性进行了模拟研究。结果表明：内冷油腔进口机油捕捉率在 60% ~ 80% 左右，转速和流量是内冷油腔填充率的重要影响因素。随转速的提高，内冷油腔平均换热系数随之增大，内冷油腔中的填充率的多少决定了换热性能的高低。

孙平[126]利用 STAR - CD 软件对活塞内冷油腔中的机油流动特性进行了数值模拟分析，通过分析机油流场的速度矢量分布和机油进出孔的质量分数，得出了机油进孔和喷油孔的位置关系对机油分布的影响规律。

张卫正等人[127]利用 CFD 方法研究了内冷油腔内的多相流流动与活塞振荡冷却的瞬态传热，并发现随着转速的提高，内冷油腔中的机油填充率有所下降，但壁面换热系数却存在小幅增加，且油腔上下面的换热改善程度要远远好过侧壁。

使用数值模拟，还可以预测内冷油腔的传热系数。王任信[128]通过计算发现，由 CFD 计算得到的对流换热系数相比于由经验公式推算出的结果更符合实际。

仲杰[129]对活塞喷油冷却进行了瞬态模拟，并进行了温度场计算。

Kleemann[130]采用 CFD 软件研究了往复式发动机壁面传热的预测。CFD软件对在柴油发动机工作时流动、燃烧和传热的模拟，忽略了材料热物理性能变化的影响，对表面换热进行了预测。结果表明，局部传热测量更好地体现了传热特性。

多相流振荡传热是高效换热的一种方法。Yiding Cao[131]提出的往复式热管是另一种很有发展前途的发动机活塞冷却技术，特别适用于重型柴油机。通过对透明热管的实验观察和铜/水往复热管的热试验，验证了往复式热管的概念，进行了比较热分析的往复热管和油腔冷却系统。近似分析结果表明，活塞环槽温度可以显著减少热管冷却技术，这可能有助于增加发动机的热效率和减少环境污染。

Wolfgang Sander[132-133]用数值模拟的方法对钠冷中空气门杆内振荡传热的影响因素进行研究，分析了振荡腔的几何形状、加速度以及填充率等因素的变化规律，从而发现填充率是影响传热效率的主要因素。

从以上研究可以看出，直接对实际模型进行数值模拟的计算量很大，即使在大型超级计算机上完成计算时间也很长，尚难以直接用于工程问题的解决，目前的模拟主要是通过假设，忽略一些难以用数值方法描述的问题简化模型来进行模拟运算。

由于往复运动下两相流的复杂性，目前对于内冷油腔流体的研究仅限于两相流，没有考虑介质是否有相变，以往研究主要探索了不同影响条件下，管内流动特性和传热特性。本书主要是结合理论、试验和数值模拟进行瞬态时内冷油腔内两相流流动形态与传热的机理研究。

1.4　当前研究中存在的问题与不足

由于内冷油腔活塞结构的局限性，内冷油腔属于"小管径"通道，使用内冷油腔结构，利用机油在腔内的振荡对活塞进行冷却的过程比较复杂。在活塞往复运动的作用下，与内冷油腔壁面不断撞击进行传热，其传热机理还没有完全搞清楚，也没有一套完整的理论体系对其进行描述。目前，内冷油腔内两相流流动与传热研究中存在的具体问题与不足主要有以下几点：

（1）关于内冷油腔内两相流流动与换热的研究，首先应该确定准确的初始条件和边界条件。以往研究中，忽略了入口段的影响，直接对内冷油腔进行研究，忽视了初始条件的变化以及捕捉率的影响。由于喷嘴射流的流动特性，内冷油腔进油垂直管内不会充满机油。如何确定入口段的喷流模型，如何确定捕捉率和静止状态下内冷油腔内填充率的关系。结合试验研究和数值模拟建立喷嘴射流模型是确定内冷油腔内两相流流动与换热研究初始条件的重要问题。

（2）由于活塞往复运动的复杂性，现阶段关于内冷油腔流动与传热研究的试验研究仍然停留在稳态试验研究和替代研究阶段。稳态研究的结果误差相对较大，而由于内冷油腔结构的复杂性，替代研究一般是用大管径的方形腔代替内冷油腔进行试验研究。如何更加准确地描述内冷油腔内两相流流动形态的形成和改变，揭示各因素对两相流流动形态的影响程度及相应的流型转换机制。建立往复运动条件下两相流流动流态的预测模型，建立瞬态可视化试验平台，是本书需要解决的关键问题，主要在第三章进行探讨。

（3）在活塞往复运动作用下，内冷油腔内的两相流受惯性作用影响较大，两相之间存在着明显的速度差、温度差以及湍动能的差异。目前，有关内冷油腔对活塞冷却效果的仿真研究开展得比较充分，而对两相流流动形态与传热关系的探索仍然较少。数值模拟计算中，需要选择湍流模型和多相流模型对内冷油腔内的两相流流动进行描述。朱海荣[116-118]对闭式圆柱空腔和内冷油腔的研究中，提出内冷油腔两相流流动与换热的研究应采用 SST $k-\omega$ 模型，但对比其模拟结果与可视化结果，可以看出流动形态的差别依然很大。如何对湍流模型和两相流模型进行修正，是模拟计算时比较重要的问题。以往研究中，大部分提到填充率对传热有影响，填充率是如何影响到传热的，影响传热的依据是什么都需要进行分析和论证。另外，如何结合试验，找出流动与换热的关系，是本书需要解决的另一个问题。

（4）在内冷油腔流动与传热的研究中，针对换热的研究一般都直接采用经验公式。由于以往学者推出准则关联式的依据是稳态试验或者替代试验，且基于准稳态假设，忽略了实际流动过程中的影响因素和空间分布特性。因此，不能准确描述内冷油腔非稳态对流换热，无法给出对流换热系数随曲轴转角变化和两相变化影响下的特性，具有一定的局限性。因此，需要从内冷油腔内两相流流动的本质上，对换热系数的关联式进行推导。

1.5　本书主要研究内容

本书针对油腔中的流体传热开展深入、系统的研究，根据相似原理设计试验，结合有限元模拟、CFD 模拟及推导计算等方法确定流体传热的初始条件和边界条件，研究油腔内两相流振荡流动特性，针对油腔中冷却液流动传热进行数值求解，并建立带有修正项的对流换热准则关联式。图 1.5 所示为本书研究路线的示意图。主要研究内容如下：

（1）分析冷却液循环特性，建立喷嘴射流模型。

研究不同发动机转速、行程及内冷油腔几何形状条件下，喷油速度、喷油流量、喷嘴出口截面积等对捕捉率和填充率随曲轴转角变化特性的影响规律；建立冷却液由喷嘴喷出到油腔入口段的集束层流非淹没射流模型，得到流速、流量、喷油压力、喷嘴半径以及扩展角在各截面处的关系。

（2）判定冷却液流型，两相流振荡流动特性的试验分析。

根据试验结果判定流型，揭示振荡油腔内流型影响因素及相应的转换机制；分析发动机转速、振荡油腔中冷却液的相对密度、动力黏度、内冷油腔的形状等不同影响因素下管内流体流动形态的变化；对流体流动特性，包括轴向振荡流动特性和周向沿管流动特性进行分析。

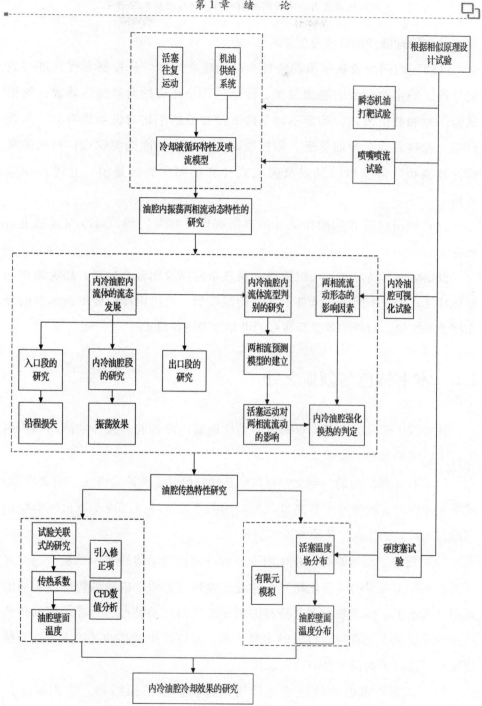

图 1.5 内冷油腔传热研究的示意图

（3）冷却液传热数值分析。

以油腔内两相流振荡流动特性为基础建立流体传热控制方程，进行数值分析，确定冷却液的湍流强度、传热过程及相应的对流换热系数；根据试验研究和数值模拟，确定不同条件下冷却液的平均对流换热系数，拟合出带有振荡效应、弯曲管道、粗糙壁面等修正项的准则关联式；对比关联式计算值和数值模拟结果以及关联式计算值和实验测量值，并进行误差分析。

（4）利用试验和模拟相结合的方法确定活塞温度场，对冷却效果进行研究。

根据活塞与高温燃气、缸壁等的换热条件以及铝合金材料、热流结构的导热特性，建立不同负载条件下活塞的温度场，得出内冷油腔壁面温度的分布特性和规律，对冷却效果及活塞的可靠性进行评价。

1.6 本书特色与创新之处

针对以往研究的不足，本书全面系统地对内冷油腔内流体的流动和传热进行了数值模拟和实验研究。

（1）在大量试验的基础上，首次创新性地研究了流速、流量、喷油压力、喷嘴半径以及扩展角等在各高度截面处的关系，并建立了冷却液由喷嘴喷出到油腔入口段的集束层流非淹没射流模型。

（2）搭建了活塞瞬态可视化内冷油腔冷却液流动传热专用试验台，实现了活塞运行工况时的可视化研究。通过试验判定了活塞内冷油腔中冷却液的流型，揭示了不同影响因素下特有的两相流振荡流动特性，为冷却液的传热机理研究提供了更直接、可靠的实验依据。在可视化试验的基础上，结合数值模拟，提出了面积覆盖率的概念。

（3）根据活塞内冷油腔瞬态传热试验和数值模拟结果，考虑振荡效应、机油温度、管道形状等因素对冷却效果的影响，创新性地建立了带有修正项的冷却液对流换热准则关联式，并根据理论和试验研究提出了新的瞬态传热系数计算式，更直接地描述了不同曲轴转角下内冷油腔的换热能力。

第2章　内冷油腔冷却喷嘴射流特性研究

2.1　引言

内冷油腔活塞在发动机工作时沿气缸轴向高速往复运动，固定的冷却喷嘴在气缸底部以一定速度向内冷油腔入口喷射机油（柴油机冷却机油的喷射速度不低于活塞最高瞬时速度，汽油机则不低于活塞平均线速度[134]）。喷流不但沿喷嘴的轴线方向流动，而且由于喷流流体边界的摩擦作用，使得喷流带动其周围的静止流体一起运动，喷流的宽度不断扩大[135]，因此，内冷油腔入口的捕捉率对内冷油腔的填充率有很大的影响。本章在以往喷嘴射流研究的基础上利用试验获取冷却喷嘴的喷流参数，通过数值模拟研究不同喷流速度和喷流密度的变化规律，并分析喷嘴出口到喷流截面的距离和喷流截面宽度的关系，建立冷却喷嘴喷流模型，确定内冷油腔入口捕捉率的影响因素。

2.2　冷却喷嘴射流特性的理论分析

喷嘴孔的典型设计是使用圆形喷嘴，产生的射流平均速度轴对称分布。对于活塞喷油冷却的实际情况，受喷嘴和内冷油腔入口之间距离的限制，喷流的结构和速度特性对内冷油腔环形腔进口有一定的影响。因此，对冷却喷嘴喷油特性进一步研究。

2.2.1　喷流流场特性分析

根据动量定律，喷流的任意截面上的动量保持不变，可以得到动量方程式如式（2.1）所示。

$$\int \rho u^2 \mathrm{d}A = \rho_0 u_0^2 A_0 = \rho_0 \pi R_0^2 u_0^2 = C \tag{2.1}$$

式中：ρ 为流体密度；u 为流体流速；A 为相应高度处的截面积；u_0 为喷嘴流速；A_0 为喷嘴截面积；R_0 为喷嘴半径；ρ_0 为喷嘴出口处流体的密度。

通常情况下，用"半速度射流宽度"揭示射流的几何发展[138]。为了方便研究喷流变化规律，分别对流场中的位置、流速和密度进行定义。目前，使用内冷油腔结构进行喷油冷却的冷却喷嘴都是垂直安装，而且根据黏性流体流动的稳定性，可以确定喷流截面为圆形截面，如图 2.1 所示。由图 2.1 可知，$\mathrm{d}A = 2\pi y \mathrm{d}y$，因此，式（2.1）可写为式（2.2）的形式。

$$2\pi \int_0^R \rho u^2 y \mathrm{d}y = \pi \rho_0 R_0^2 u_0^2 \tag{2.2}$$

根据图 2.1 中的喷流结构给出喷流参数的定义。其中，x 轴代表喷流距离，y 轴代表喷流宽度。O 为喷流极点，即喷流外边界线的反向交点；x_0 为喷流极点与喷嘴出口截面的距离；l 为喷嘴出口截面和喷流截面之间的距离；R 为喷流截面的半宽度；θ 为喷流扩散角，即喷流外边界线之间的夹角。

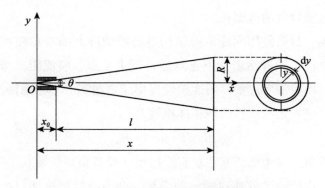

图 2.1　喷嘴喷流截面示意图

将公式（2.2）转化为无量纲形式，公式中的相关参数也将转换成无量纲参数，如式（2.3）所示。

$$2\int_0^{\frac{R}{R_0}} \frac{\rho}{\rho_0} \left(\frac{u}{u_0}\right)^2 \frac{y}{R_0} \mathrm{d}\left(\frac{y}{R_0}\right) = 1 \tag{2.3}$$

为了定量研究内冷油腔入口前黏性流体的流动特性，将式（2.3）中的无

量纲坐标改写为 $\dfrac{y}{R} \cdot \dfrac{R}{R_0}$ ，将无量纲速度改写为 $\dfrac{u}{u_m} \cdot \dfrac{u_m}{u_0}$ 。其中， $\dfrac{R}{R_0}$ ， $\dfrac{u_m}{u_0}$ 决定于喷流截面至喷流极点的距离，其与在喷流截面上的位置无关。假设喷嘴射流为静止介质， u 为任意部分流体的中心轴线速度， u_m 是喷嘴射流中心轴的轴向速度。定义从中心线开始到平均轴向速度为中心轴线速度一半时的点为喷流的半宽度，即将 $0.5u_m$ 作为定义射流半宽度的标准，当 $u/u_m = 1/2$ 时，参数 $y_{0.5u_m}$ 定义为射流半宽度径向位置的坐标。同样的，定义喷流密度场。然后通过试验和数值模拟对其速度和密度分布特性进行研究。

2.2.2 捕捉率

理论上来说，内冷油腔进油口的捕捉率是内冷油腔进油口所捕捉到的喷流截面面积与内冷油腔进油口截面面积的百分比，定义如式（2.4）所示。

$$\eta_A = \frac{A_j}{A_{in}} \times 100\% \tag{2.4}$$

式中： η_A 为内冷油腔进油口处截面的机油捕捉率； A_j 为喷流截面的面积； A_{in} 为内冷油腔进油口处的截面积。

前面提到，目前使用内冷油腔结构进行喷油冷却的冷却喷嘴都是垂直安装，理论上来说，随着活塞从下止点运行到上止点，喷流距离增加，喷流截面不断扩大，内冷油腔进油口的面积捕捉率随之增加。不考虑回流的情况下，捕捉率越高，进入内冷油腔的液相体积越大。

$$R_j = l \cdot \tan\theta + R_0 \tag{2.5}$$

由公式看出，仅考虑活塞往复直线运动（喷流距离长短），不考虑二阶运动的影响下，内冷油腔进油口喷流的面积，即内冷油腔进油口处喷流截面的大小取决于喷流扩大角和喷流距离。因此，喷流对内冷油腔入口捕捉率和内冷油腔填充率的影响，需要对其进行喷流试验和仿真模拟以进行深入研究。

2.3 冷却喷嘴射流特性的试验研究

内冷油腔填充率是影响内冷油腔传热的主要因素之一，内冷油腔进油口的捕捉率与冷却喷嘴的喷油有密切的联系。对不同喷油压力和喷油温度时的冷却喷嘴喷流进行试验研究，进而研究内冷油腔进油口捕捉率与喷嘴出口到喷流截面的距离之间的关系。

2.3.1　试验设备

喷嘴喷流试验台主要由喷油控制台和喷油工装组成，试验系统如图2.2所示。喷油控制台主要由调控板、出油单向阀、调压阀、机油压力表组成；喷油工装由改装的透明内冷油腔、螺纹拉杆、透明缸体、固定螺母和接油桶组成。其中透明内冷油腔是通过3D打印设备打印出来的。

（a）喷油试验台　　　　　　　　　　（b）改装的透明内冷油腔

图 2.2　喷油试验系统

2.3.2　试验原理及过程

试验在一台液压站基础上进行，内设恒温管路对机油加热，单向阀和调压阀调节喷油压力。通过内冷油腔进口处玻璃板的中心设置具有一定内径的圆形进口来模拟内冷油腔进油口，称其为集油口。将内冷油腔装入工装中，并将其设置在最低位置，此时由喷嘴喷出的机油全部进入进油口，流量计测得的流量即为喷嘴流量，可标定喷油压力，还能结合喷嘴半径得到喷嘴处喷油速度。提升内冷油腔高度，调节至出油口流量数值开始减小，如图2.3所示。图中的喷油临界位置指的是机油刚好不能完全喷入进油口时，喷口和集油管进油口之间的距离。

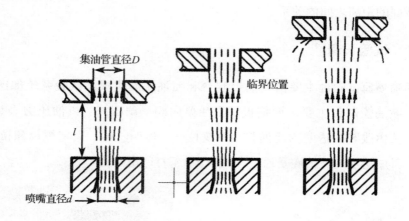

图 2.3　喷流试验原理图

　　试验开始前启动内冷通道测试仪预热机油，调试机油压力到规定的压力，机油温度到 60 ℃左右，压力调至 2.5 bar（1 bar = 10^5 Pa）。为了更好地观察内冷油腔内流体的流动状态，内冷油腔模型只包括内冷油腔及进出油道。将透明模型装入透明缸体中。透明内冷油腔模型用细铁丝固定在圆形透明玻璃板上，圆形透明玻璃板中心带孔，作为内冷油腔的支持并将带螺纹固定杆从中穿过，并用螺母将其固定好。将方形透明玻璃板中心打孔后，使带螺纹固定杆从中穿过，方形玻璃板上下都有固定螺母，此玻璃板盖住玻璃罩，用来阻止飞溅的机油溅出玻璃罩并充当内冷模型的上支撑。通过调节带螺纹固定杆上方形玻璃板的上下两个螺母，调节两个透明玻璃板之间的距离来模拟活塞在下止点和上止点之间任意位置时喷油嘴与内冷油腔进油口之间的距离。启动液压站，通过机油喷嘴向圆盘中间孔口喷射机油并通过液压站保证供油的稳定性。试验从活塞下止点位置开始第一点测试，然后向上调节高度。试验过程中，记录进油口和喷嘴间的距离对应的喷油嘴出口的累积流量和内冷油腔出口的累计流量。流量测试时间每分钟 1 次，每个点测量 2 次，取平均值。改变喷油压力、喷油温度等完成不同条件的试验研究。

记录进油口和喷嘴间的距离 l（mm），喷油嘴出口的累积流量 Q_0（g/min）和进入内冷油腔进油口的累计流量 Q_{in}（g/min）。计算喷入玻璃片中心的捕捉率，根据临界位置前后进油口的捕捉率来判断出油口流量的增减。进油口液相质量捕捉率公式如式（2.6）所示。

$$\eta_q = \frac{Q_{in}}{Q_0} \times 100\% \tag{2.6}$$

2.3.3　试验条件

一般发动机都有机油冷却器，试验中喷嘴喷出的油是经过冷却器里的水冷却过的，一般喷嘴喷出来的机油温度可以设为比水温高 10 ℃左右，试验中通过液压站的调控板调节喷油温度和喷油压力，调控板如图 2.4 所示。试验中喷油温度和喷油压力参数如表 2.1 所示。

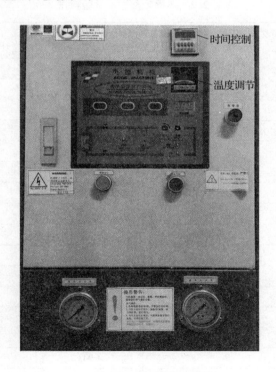

图 2.4　调控板示意图

表2.1 实验主要参数

参数	喷油压力/bar	喷油温度/℃	进油口和喷嘴间的距离/mm
参数变量	2.5	60	根据实际情况进行调节
	3.5	75	
	4.0	90	
	4.5	—	

2.3.4 喷油温度对捕捉率的影响

通过调控板改变喷油温度，分别将喷油温度设置为60 ℃，75 ℃，90 ℃，不同喷油温度下喷油嘴出口的累积流量和集油管出口的累计流量试验数据如表2.2所示。

表2.2 不同喷油温度试验数据

喷油压力/bar	喷油温度/℃	进油口和喷嘴间的距离 l/mm	喷油嘴出口的累积流量 Q_0/(g/min)	进入内冷油腔进油口的累计流量 Q_{in}/(g/min)
2.5	60	20	4 032	4 032
2.5	60	25	4 035	4 035
2.5	60	30	4 031	4 031
2.5	60	35	4 028	4 028
2.5	60	58	4 042	4 042
2.5	60	72	4 035	4 035
2.5	60	90	4 030	4 030
2.5	60	99	4 019	4 038
2.5	60	148	3 297	4 035
2.5	60	230	3 059	4 039
2.5	75	20	4 059	4 059
2.5	75	25	4 060	4 060
2.5	75	30	4 064	4 064
2.5	75	35	4 060	4 068
2.5	75	58	4 043	4 064
2.5	75	72	4 020	4 065

续表

喷油压力 /bar	喷油温度 /℃	进油口和喷嘴间的距离 l/mm	喷油嘴出口的累积流量 Q_0/(g/min)	进入内冷油腔进油口的累计流量 Q_{in}/(g/min)
2.5	75	90	3 976	4 066
2.5	75	99	3 956	4 068
2.5	75	148	3 051	4 052
2.5	75	230	3 012	4 060
2.5	90	20	4 092	4 092
2.5	90	25	4 089	4 089
2.5	90	30	4 086	4 086
2.5	90	35	4 091	4 091
2.5	90	50	4 095	4 095
2.5	90	58	4 078	4 096
2.5	90	99	3 908	4 094
2.5	90	148	3 330	4 092
2.5	90	230	3 052	4 095

　　同一温度下，相同时间内，喷油总量不变。随着集油管进油口截面与冷却喷嘴距离的增加，收集到的机油先是保持不变，然后随距离继续增加而减小。图 2.5 给出了喷油压力 2.5 bar，喷油温度不同时，捕捉率随喷口和集油管进油口之间距离变化的规律。

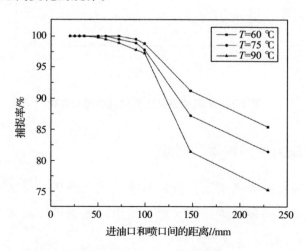

图 2.5　捕捉率随喷口和进油口距离变化的规律

由图 2.5 可以看出，随喷口和进油口距离的增加，捕捉率先保持不变（100%），临界位置以减小，根据数据计算，喷流的喷射扩展角度分别为 0.38°，0.46°，0.68°。由试验研究结果和理论分析对比可以看出，随着喷流距离增加，质量捕捉率和面积捕捉率的变化不同，原因是往复运动过程中，内冷油腔进口的回流对进入内冷油腔的油量也有影响。由此可以看出，活塞往复运动过程中，不同的曲轴转角时内冷油腔进油口捕捉率对内冷油腔内的瞬时液相填充率有很大的影响。

从试验数据表中可以看出，不同喷油温度下喷油的临界位置不同。图 2.6 给出了不同喷油温度下，喷油临界位置的变化。由此可以看出，喷油温度越高，喷油油束越发散，喷油的临界位置离喷口越近。理论上推测，内冷油腔进油道出现回流的位置离喷嘴越近，内冷油腔内液相填充率的平均值减小。

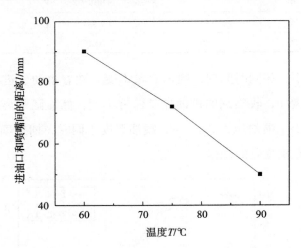

图 2.6　不同喷油温度下临界位置的变化

2.3.5　喷油压力对捕捉率的影响

通过调控板改变喷油压力，分别将喷油压力设置为 2.5 bar，3.5 bar，4.0 bar，4.5 bar，不同喷油压力下喷油嘴出口的累积流量和集油管出口的累计流量试验数据如表 2.3 所示。

表 2.3　不同喷油压力试验数据

喷油压力 /bar	喷油温度 /℃	进油口和喷嘴间的距离 l/mm	喷油嘴出口的累积流量 Q_0/$(g \cdot min^{-1})$	集油管出口的累计流量 Q_{in}/$(g \cdot min^{-1})$
2.5	75	20	4 059	4 059
2.5	75	25	4 060	4 060
2.5	75	30	4 064	4 064
2.5	75	35	4 060	4 068
2.5	75	58	4 043	4 064
2.5	75	72	4 020	4 065
2.5	75	90	3 976	4 066
2.5	75	99	3 956	4 068
2.5	75	148	3 051	4 052
2.5	75	230	3 012	4 060
3.5	75	20	4 602	4 602
3.5	75	25	4 600	4 600
3.5	75	30	4 600	4 600
3.5	75	35	4 608	4 608
3.5	75	58	4 605	4 605
3.5	75	90	4 510	4 606
3.5	75	99	3 712	4 604
3.5	75	148	3 610	4 607
4.0	75	20	4 952	4 952
4.0	75	25	4 950	4 950
4.0	75	30	4 955	4 955
4.0	75	35	4 953	4 953
4.0	75	40	4 956	4 956
4.0	75	58	4 947	4 960
4.0	75	99	4 066	4 958
4.0	75	148	3 919	4 958
4.5	75	20	5 362	5 362
4.5	75	25	5 360	5 360
4.5	75	30	5 361	5 361
4.5	75	35	5 364	5 364

续表

喷油压力 /bar	喷油温度 /℃	进油口和喷嘴间的 距离 l/mm	喷油嘴出口的累积 流量 Q_0/(g·min^{-1})	集油管出口的累计 流量 Q_{in}/(g·min^{-1})
4.5	75	58	5 299	5 366
4.5	75	72	4 987	5 365
4.5	75	90	4 356	5 362
4.5	75	99	4 295	5 366
4.5	75	148	4 256	5 362

从试验数据表中可以看出，不同喷油压力下喷油的临界位置不同。图 2.7 给出了不同喷油压力下，喷油临界位置（喷口和集油管进油口间的距离）的变化。由此可以看出，喷油压力越大，喷油油束越发散，喷油的临界位置离喷口越近。

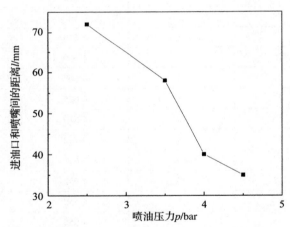

图 2.7　不同喷油压力下喷入进油口收集的流量的变化规律

另外，根据喷嘴出口处的累计流量的平均值可以得到喷嘴出口处的平均流速，并进一步得到其雷诺数，公式如下：

$$v = \frac{10^{-3}\overline{Q_0}}{60\rho A} \qquad (2.7)$$

$$Re = \frac{\rho v d}{\mu} \qquad (2.8)$$

式中：ρ 为冷却液密度，kg/m^3；A 为喷嘴出口截面积，mm^2；d 为三维喷嘴出口的直径；μ 为机油的动力黏度，m^2/s。

利用公式（2.7），（2.8）根据以上试验数据，得到不同喷油条件下的雷诺数如表 2.4 所示。由此可知，喷嘴喷流为集束层流射流。

表 2.4　不同喷油条件下的雷诺数

喷油压力/bar	喷油温度/℃		
	60	75	90
2.5	715	1 305	1 753
3.0	815	1 479	1 970
4.0	868	1 592	2 099
4.5	957	1 723	2 311

综上可以看出，根据喷油射流的扩展角、最大活塞行程 150 mm 可以计算出活塞最大行程时的喷嘴喷油射流截面分别为 1 mm，1.25 mm，1.8 mm，都小于内冷油腔的进油道的进口直径 8 mm，因此不考虑二阶运动的情况下，对于垂直无倾斜喷嘴喷油，喷流扩大角很小，在活塞往复运动的行程内，喷流截面小于内冷油腔环形腔的进口，因此内冷油腔的捕捉率取决于回流的大小，与喷流截面无关。虽然喷流对往复运动下环形腔内流体的速度特性没有直接影响，但是喷嘴喷口到内冷油腔进油口的流体影响到内冷油腔环形内填充率的大小，因此进一步通过仿真模拟对喷流的速度特性、密度特性等进行计算分析，探索喷流对内冷油腔环形内填充率的影响。

2.4　冷却喷嘴射流特性的数值研究

为了进一步研究喷嘴射流速度和密度分布特性，探寻不同发动机转速、行程条件下，喷油速度、喷油流量、喷嘴出口截面积在不同曲轴转角时喷流距离对内冷油腔环形内填充率的影响规律，从而建立数值模型，对其进行模拟分析，分别探讨了喷流流场、喷流密度的分布规律。

2.4.1　喷嘴模型

考虑喷嘴喷流的对称性，采用二维轴对称模型。喷嘴结构的设计要保证喷流扩展角足够小，使得活塞在任何位置，机油都可以以最大量喷入。计算域由喷嘴和射流域组成，如图2.8所示，喷嘴内径为 D_0，单位为 mm。

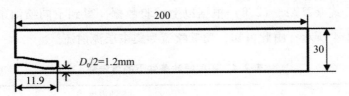

图 2.8　喷嘴结构及射流域模型

2.4.2　控制方程和边界条件的建立

喷嘴流动为层流，考虑液相黏度，控制方程如下。

连续性方程：

$$\frac{\partial \rho}{\partial t} + \frac{\partial}{\partial x}(\rho v_x) + \frac{\partial}{\partial r}(\rho v_r) + \frac{\rho v_r}{r} = 0 \tag{2.9}$$

式中：x 是轴向坐标；r 是径向坐标；v_x 是轴向速度；v_r 是径向速度。

动量守恒方程：

$$\frac{\partial}{\partial t}(\rho v_x) + \frac{1}{r}\frac{\partial}{\partial x}(r\rho v_x v_x) + \frac{1}{r}\frac{\partial}{\partial r}(r\rho v_r v_x)$$

$$= -\frac{\partial p}{\partial x} + \frac{1}{r}\frac{\partial}{\partial x}\left[r\mu \left(2\frac{\partial v_x}{\partial x} - \frac{2}{3}(\nabla \cdot \boldsymbol{v}) \right) \right]$$

$$+ \frac{1}{r}\frac{\partial}{\partial r}\left[r\mu \left(\frac{\partial v_x}{\partial r} + \frac{\partial v_r}{\partial x} \right) \right] + F_x \tag{2.10}$$

$$\frac{\partial}{\partial t}(\rho v_r) + \frac{1}{r}\frac{\partial}{\partial x}(r\rho v_x v_r) + \frac{1}{r}\frac{\partial}{\partial r}(r\rho v_r v_r)$$

$$= -\frac{\partial p}{\partial r} + \frac{1}{r}\frac{\partial}{\partial x}\left[r\mu \left(\frac{\partial v_r}{\partial x} + \frac{\partial v_x}{\partial r} \right) \right]$$

$$+ \frac{1}{r}\frac{\partial}{\partial r}\left[r\mu \left(2\frac{\partial v_r}{\partial r} - \frac{2}{3}(\nabla \cdot \boldsymbol{v}) \right) \right] \tag{2.11}$$

$$- 2\mu \frac{v_r}{r^2} + \frac{2}{3}\frac{\mu}{r}(\nabla \cdot \boldsymbol{v}) + \rho \frac{v_z^2}{r} + F_x$$

式中：$\nabla \cdot \boldsymbol{v} = \dfrac{\partial v_x}{\partial x} + \dfrac{\partial v_r}{\partial r} + \dfrac{v_r}{r}$。

根据试验时的喷油温度和环境温度，机油密度和空气密度设定为随温度变化的函数。入口边界条件为压力入口边界；出口边界条件为压力出口边界；壁面采用无滑移壁面条件。采用 SIMPLE 算法求解离散的代数方程组，用交替方向隐式迭代（ADI）加快修正的方法加速收敛。计算时，取流场出口处的压力为参考压力。

2.4.3 网格独立性分析

利用 Hypermesh 对二维模型进行网格划分。为了确保计算结果的准确性，对仿真模拟的网格模型进行网格无关性分析。建立数值计算所需的网格模型，如图 2.9 所示。由于喷嘴出口处的速度梯度比较大，为了更真实地模拟喷嘴壁面流体的近壁面特性，在壁面设置多层边界层网格。

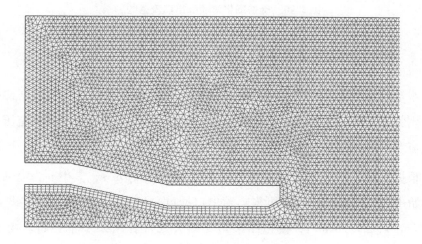

图 2.9 局部网格模型示意图

图 2.10 显示了网格细化对喷流半径的影响，分别设置网格数 mesh1 为 58 264、mesh2 为 93 801、mesh3 为 164 160，计算压力为 2.5 bar，温度为 75 ℃时的喷嘴射流流场。通过对比计算模拟结果和试验结果表明，不同网格

计算所得结果与试验值之间的误差在工程允许的范围以内（10%）。结果显示，随着网格的细化，计算结果的精度不同，所需的计算时间也不一样。通过对比，在保证计算精度的同时节省计算时间，选用网格数为 93 801 时的网格分布作为本章计算的网格模型。

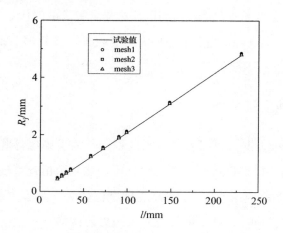

图 2.10 网格细化对喷嘴出口流量的影响

2.4.4 喷流流场速度分布分析

本节利用数值求解的方法对喷流流场的速度分布进行计算，仿真初始压力分别为 2.5 bar，3.0 bar，4.0 bar，4.5 bar。图 2.11 给出了不同喷流压力时喷流流场的速度分布云图。

根据文献［136］可知，喷嘴出口速度 $u \approx 44.7\sqrt{p}$ m/s，其中 p 为喷嘴入口处初始压力。根据上式计算可得喷嘴出口速度分别为 22.35 m/s，24.48 m/s，28.27 m/s，29.98 m/s，模拟结果与文献公式计算结果基本相符。由分布云图可以看出，流体速度在喷嘴收缩段速度梯度比较大，速度变化非常明显；流体在喷嘴出口处开始出现一个流速核心区，并且在流体表面沿垂直于轴向的速度存在明显的梯度变化；而在核心区末尾开始，流体速度迅速降低。

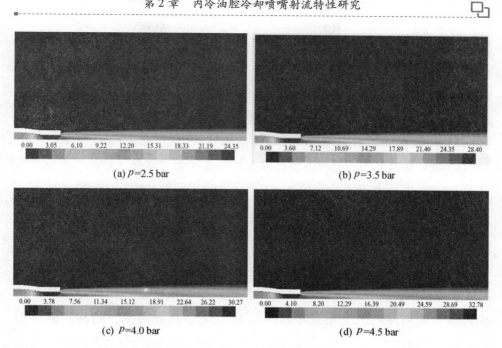

(a) p=2.5 bar   (b) p=3.5 bar

(c) P=4.0 bar   (d) P=4.5 bar

图 2.11　喷流流场分布图

　　喷嘴射流进入空气后，与之发生了一系列复杂的相互作用[137]，为了更清楚地说明射流进入空气后速度的变化规律，对比分析不同截面速度沿轴向的变化，图 2.12 给出了沿轴线方向喷流截面上速度 u 的变化规律，由此可以看出，速度沿轴线方向的变化，与图 2.11 中流场的变化规律一致。

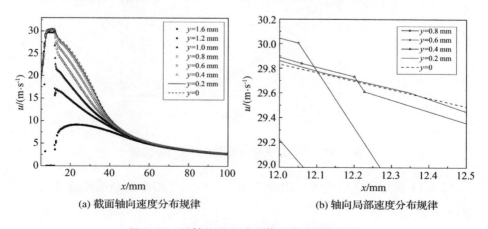

(a) 截面轴向速度分布规律   (b) 轴向局部速度分布规律

图 2.12　沿轴线方向喷流截面速度变化规律

喷流截面轴心线上的速度在 $y = 0 \sim 1.0$ mm 范围内，离开喷嘴之后迅速增至最大后开始下降，在离喷嘴出口 $0 \sim 28.6$ mm（即轴向 $11.9 \sim 40.5$ mm）内，速度减小比较缓慢，而随着射流不断向外发展，在 28.6 mm 之后喷流与周围空气掺混剧烈，射流将一部分动量传递给带入的空气，速度快速降低，最后趋于稳定。另外，喷嘴射流为非淹没射流，由于喷口附近（$0 \sim 0.475$ mm）核心区中心的流体还有残余的喷流压力未转化成动能，因此其速度的最大值不是在中心，由图 2.12（b）可以看出，其最大值在偏移中心 $0.2 \sim 0.6$ mm 的地方，而且流体在喷嘴出口附近的速度梯度较大。随喷流发展，最大值逐渐向中心靠近，在离喷嘴 0.475 mm 处开始，核心区速度最大值在射流中心。

喷流不断发展，其宽度随之不断扩大，不同截面沿喷流截面半径（径向截面）方向速度的变化规律如图 2.13 所示，由此可得，喷流扩展角为 1.8 ℃，与试验结果一致。且随喷流截面和喷口距离的增加，截面轴心速度的作用越来越小，喷流径向截面速度的衰减越来越平缓。

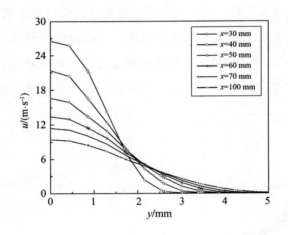

图 2.13　不同位置喷流截面的速度分布规律

图 2.14 显示了速度的无因次分布规律，以此分析冷却喷嘴喷流速度的自相似表达式。

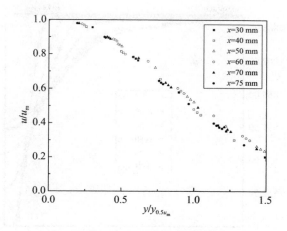

图 2.14   无因次速度分布规律

不同轴向位置时，喷嘴射流任意位置的速度与轴线速度的比值随其速度对应的径向坐标与半宽度射流速度对应径向位置比值的变化规律一致，且数值接近一条直线。由此可以看出各喷流截面流速分布具有相似性。由此也可以看出，在恒定有压的情况下，冷却喷嘴射流为层流，其流速分布具有相似性，符合黏性流体的"自模性"。式（2.12）描述了无量纲速度、射流径向位置和半宽度射流速度的变化。

$$\frac{u}{u_m} = \exp\left[-0.65 \left(\frac{y}{R} \right)^2 \right] \tag{2.12}$$

2.4.5   喷流流场密度分布分析

随着射流不断发展，机油带入越来越多的空气一起运动，机油和空气进行质量和动量交换，使得非淹没喷嘴射流为两相混合流。喷嘴内部及喷流核心区范围，主要介质为机油，随着射流与空气接触边界的扩大，两相趋势越来越明显。图 2.15 为机油的密度分布图，截面为 $x = 30$ mm 时，离轴线 1.67 mm 附近的径向距离内，机油的密度与流体密度比值都为 1，1.67 ~ 5 mm 内机油的密度与流体密度比值开始缓慢减少，即此截面从径向 1.67 mm 处开始，机油密度的比值减小，射流等速度核慢慢消失融合在两相混合流中。

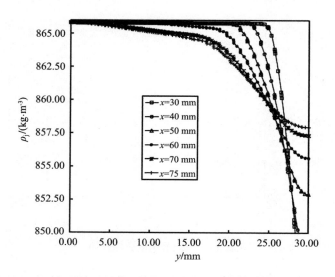

图 2.15 不同位置喷流截面密度分布规律

不同轴向位置下，喷嘴射流的机油密度与轴线密度的比值随其密度对应的径向坐标比的变化规律如图 2.16 所示。其中，R_m 代表 $\rho/\rho_m = 1/2$ 时的径向位置，ρ_m 为轴线上的最大密度。如图 2.16 所示，不同轴向位置时，喷嘴射流的机油密度与轴线密度的比值随其密度对应的径向坐标比的变化规律一致，且数值接近一条直线。由此可以看出，各喷流截面密度分布也具有相似性。无量纲密度比、射流径向位置和半密度射流宽度的关系可以用式（2.13）来描述。

$$\frac{\rho}{\rho_m} = 1 - \left(0.2\,\frac{y}{R}\right)^2 \tag{2.13}$$

结合式（2.12）和式（2.13），根据无因次流速比值和喷流径向位置与喷流半径比值的变化规律，各个喷流截面介质随喷流半径变化的分布规律以及 u_m 和 R 随喷流截面至喷流极点距离的变化关系可以求出式（2.3）的定积分为 0.279 2。

综上所述，得到喷流截面半径和喷口处喷流截面半径与喷流截面轴心线上速度和喷流出口处喷流截面速度以及密度分布之间的关系式（2.14）。

$$\frac{\rho_m}{\rho_0} \cdot \left(\frac{u_m}{u_0}\right)^2 \cdot \left(\frac{R}{R_0}\right)^2 = 1.790\,8 \tag{2.14}$$

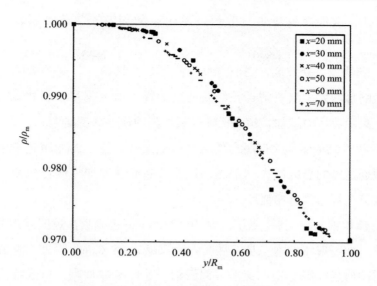

图 2.16　无因次密度分布规律

由此可得，喷流非淹没层流射流临界位置时喷流直径为 3.0 mm，与试验结果一致。由式（2.14）可知，同一喷流截面，随喷流速度的增加，喷流截面增大，卷入的空气增多，因此喷流密度随之减小；随着喷流距离增加，喷流截面的轴心速度减小，到达内冷油腔入口时的喷流速度变小，对内冷油腔入口处内腔壁的冲击也会减小。

综合式（2.4）、试验研究和仿真分析可以看出，喷嘴喷油对内冷油腔环形腔内的静态填充有很大的影响。喷油压力越大，喷油扩展角随之增大，喷流截面增加，因此随机油进入内冷油腔环形腔的空气减少，内冷油腔环形腔的静态填充率会增加。喷油温度越高，密度越小，油束内卷入的空气增加，油束越发散，因此随机油进入内冷油腔环形腔的空气增多，内冷油腔环形腔的静态填充率会减小。

2.5　本章小结

喷嘴射流模型为内冷油腔冷却机理研究的初始条件，在试验的基础上结合数值模拟，对喷流流场进行分析，建立喷流发展的数学模型，得出结论如下：

（1）随喷流不断发展，射流宽度不断增加，模拟计算得到的喷流扩展角与试验值吻合良好。喷口附近核心区速度的最大值在偏移中心 0.2～0.6 mm 的地方，且随着压力增加，核心区速度最大值的速度梯度增大。

（2）随喷流截面和喷口距离的增加，截面轴心速度的作用越来越小，喷流径向截面速度的衰减越来越平缓。且喷流截面速度随喷流径向截面位置的改变，其分布规律具有相似性。

（3）流体喷入空气后，距离喷嘴 0～28.6 mm 内，喷流速度随距离增加而逐渐衰减，随着射流的进一步发展，在距离喷口 28.6 mm 附近，随着机油与空气进行的质量和能量剧烈交换，截面轴心速度衰减加剧，造成喷流速度急剧下降。

（4）经试验和模拟计算，建立冷却液由喷嘴喷出到油腔入口段的集束层流非淹没射流模型，得到流速、流量、喷油压力、喷嘴半径以及扩展角在各截面处的关系以及截面轴心速度与喷流距离等的变化规律。

第 3 章 内冷油腔内两相流动态
特性的试验研究

3.1 引言

    活塞高速往复运动，使得冷却液在不同条件下产生不同的振荡特性。内冷油腔内流体的振荡特性使得两相流的流动更加复杂。内冷油腔内流体的振荡特性不同，流体的流动形态也会改变，因此内冷油腔的传热特性也不同。

    内冷油腔内流体流动过程中流型的区分，流动状态的描述以及流型的识别是内冷油腔内流体传热特性研究首要解决的问题。影响流型的因素较多，且每一种流型有其特定的两相分布和界面形状[139-142]。内冷油腔内气液两相流动流型的转变是一个复杂的过程，随着活塞往复运动的位置、转速、压力等条件的变化而发生界面形状改变，导致流型的转变。

    本章通过理论研究建立流动形态的转变模型，获得流动形态转变的理论依据，进一步与试验结果进行比较分析。试验研究是研究两相流动态特性的有效途径之一。为了揭示各因素对冷却液流型的影响程度及相应的流型转换机制，建立了流动形态的预测模型，并搭建了一种动态可视化打靶试验台，实时监测内冷油腔内流体的流动形态。试验过程中改变机油流速、温度、发动机转速、油腔形状等，判断相应条件下的流型，结合理论分析深入研究内冷油腔内流体流动形态的演化规律及其换热机理。

3.2 流动形态及转换的理论分析

3.2.1 流型的定义

    气液两相流的流动研究是多相流流动研究中比较普遍、较为复杂的形态研究。多相流流动研究中，将相界面的空间分布形态定义为流型。由于流动条件的不同，相与相之间的分布形态会发生改变。以往学者，在综合研究流动形态影响因素的前提下，给出了垂直管道和水平管道中气液两相流流动形态的定义。

本章主要研究内冷油腔环形腔部分的流动形态，环形管道中的流体受到垂直流动方向的重力作用，静态时，密度较大的液相会有聚集在底部的趋势，因此研究中参考水平管道中气液两相流动的形态的定义。水平管道的流型较垂直管道的流动形态略微复杂，将其流动形态分为以下六种[31]，其流动形态如图3.1所示。

（1）图3.1（a）所示为分层流。一般是较重的液相在管道下部流动，而气相在管道的上部流动，且两相界面为比较光滑的水平面。

（2）图3.1（b）所示为波状流。可以清晰地看到气液两相的界面明显分开，但相界面呈现为波浪形状的表面。

（3）图3.1（c）所示为泡状流。液相充满整个管道，气泡弥散在液体介质中，且有汇集在管道上部的趋势。即使在速度较高的流动系统，气泡仍然均匀分布，并呈现出泡沫的形态。

（4）图3.1（d）所示为环状流。此种流动形态一般是管道上部和下部为液相，中间为气相。液相在管壁以液膜的形式贴壁流动，但其分布并不均匀，靠近底部的较厚，上部的较薄。中间的气相一般夹杂着液滴。

（5）图3.1（e）所示为段塞流。段塞流也称为"弹状"流。一般在管道的上部存在塞子状或者子弹形状的大气泡；气相体积分数较大时，会使得气泡的顶端与管壁壁面接触，且与液相连续隔开，串联排列，形成一段液体一段气体交替流动的结构，因此称其为段塞流。

（6）图3.1（f）所示为波状弥散流。随着液相填充率降低，气相增多，管道上部的气相会夹杂着弥散的液滴，且此时管道底部的液相较少，气液两相界面呈现出不规则的波浪形状，分界面与顶部管壁无接触，液相中会有大量小气泡出现。波状弥散流也被称为"伪弹状"流。

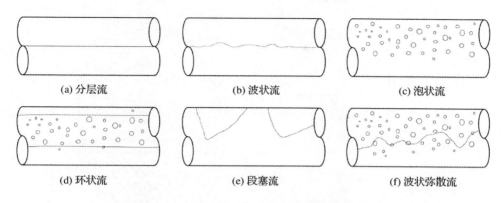

图 3.1   气液两相流在水平管道中流型的定义

活塞往复运动过程中，内冷油腔内气液两相流流动时，受不同流动条件的影响，与以上定义的典型流动形态相比并非完全一样，有时还存在一些过渡流动形态。根据预测模型和试验结果对实际流动形态进行描述。

3.2.2   两相流分层流的预测模型

通过第 2 章的研究，可以得知，机油喷入内冷油腔进口到达内冷油腔顶部时仍然有一定的速度，因此内冷油腔入口会出现一个漩涡，然后机油流动趋于平稳。本章所研究的流动形态是内冷油腔进油口之后和出油口之前环形腔段内的流动形态。内冷油腔在静止状态下，机油从内冷油腔进油口冲向油腔顶部，随后由于重力作用，回落到油腔底部。此时腔内为气液两相流分层流，管内下部为机油，上部为空气。受不同喷油压力、喷油温度的影响，气液两相的静态填充率不同，即气液两相在油腔内的高度不同。

图 3.2 所示为内冷油腔环形腔内气液两相流分层流的结构和截面示意图。由于工程实际应用中，内冷油腔截面一般为非圆形截面（此处以常用的腰形截面为例），油腔直径一般以特征直径 D_e 表示，油腔高度为 H_e，液相高度为 h_1，气相高度为 h_g。油腔截面中，A_1，A_g 分别为液相和气相所占的面积，C_1，C_g 分别为液相和气相所接触的油腔的周长，C_i 则为气液两相界面的长度。

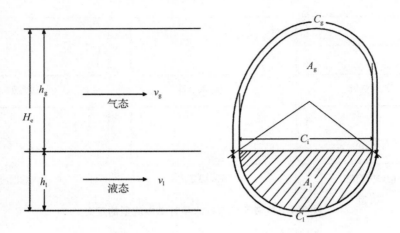

图 3.2　环形腔内气液两相流分层流的结构和截面示意图

　　假设气液两相流并列平行流动，单相的速度分别以相平均速度表示。油腔内液相流体流速为 v_1，气相流体的流速为 v_g。而且假定任意截面的压强为常量，以保证相界面与环形腔中心线平行。根据水平管内层状流预测模型可以得知，内冷油腔在静止状态下，内冷油腔环形腔内气液两相流的动量平衡方程如式（3.1）所示。

$$\tau_{wg}\frac{C_g}{A_g} - \tau_{wl}\frac{C_l}{A_l} + \tau_i C_i\left(\frac{1}{A_l} + \frac{1}{A_g}\right) - (\rho_l - \rho_g)g = 0 \qquad (3.1)$$

式中：τ_{wl}，τ_{wg} 为内腔壁面和气、液两相介质之间的剪应力；τ_i 则为气液界面处的剪应力。τ_{wl}，τ_{wg}，τ_i 分别以摩擦阻力来计算，如式（3.2），（3.3），（3.4）所示，其中 $v_i = v_g - v_1$。

$$\tau_{wg} = \frac{f_g\rho_g v_g^2}{2} \qquad (3.2)$$

$$\tau_{wl} = \frac{f_l\rho_l v_l^2}{2} \qquad (3.3)$$

$$\tau_i = \frac{f_i\rho_g v_i|v_i|}{2} \qquad (3.4)$$

式中：ρ_g，ρ_1 分别为气、液的密度；f_g、f_1、f_i 分别为气相、液相和界面的摩擦因子。

根据静态下分层流的预测模型可以看出，机油的速度特性决定了机油的流动形态，从而形成了油腔内的两相分布特性。内冷油腔内机油流动产生的主要原因是活塞的往复运动。根据活塞的运行过程，结合动力学分析活塞运动对内冷油腔内两相流流动的影响。

3.2.3　活塞运动对流动形态转换的影响

活塞在内燃机内实际运行过程中，除了受到重力和惯性力的作用以外，还受到来自燃气压力、气缸壁的作用力以及曲柄连杆机构的影响。因此，活塞往复运动时，除做轴向直线运动外，还伴随着横向运动和摆动（称为二阶运动）。内冷油腔作为活塞的内置结构，其腔内两相流的流动会同时受到往复直线运动和二阶运动的影响，改变了两相流的轴向流动特性和周向流动特性，使得两相流的流动形态发生改变。

3.2.3.1　活塞运动分析

为了研究内冷油腔内两相流的流动，首先分析其载体活塞的运动规律。图 3.3 给出了活塞在气缸中运动时的受力情况。活塞运动的定义中，以气缸轴线方向为 x 轴，指向气缸顶部方向为正，以垂直活塞销孔轴线方向和气缸轴线方向为 y 轴，指向次推力侧为正。缸内燃气压力定义为 F_{gas}，其作用线通过气缸的中心线，当活塞销孔发生偏置时，产生使活塞绕活塞销转动的力矩 M_{gas}，其转动幅度对内冷油腔内两相流的周向运动有很大的影响。

而当活塞与缸套之间发生接触时，缸套对活塞产生力 F_c，此力也会作用在活塞销孔中心而产生力矩 M_c。活塞受到的连杆作用力为 F_{link}。另外，活塞销和活塞销孔之间的相对运动会产生摩擦力矩 M_{pc}，活塞环和活塞间的轴向、径向相对运动会产生摩擦力 F_{rx}，F_{ry}，以及由此产生的绕活塞销的力矩 M_r。在以上这些力和力矩的作用下，活塞在气缸中做往复直线运动、横向运动和绕活塞销的旋转运动。

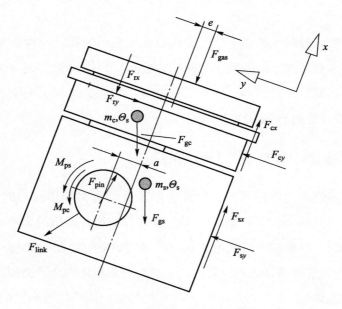

图 3.3　活塞受力分析示意图

仅考虑活塞在主推力侧和次推力侧构成的平面内运动的情况下，根据活塞体在气缸中运动需满足动态力相互平衡的原则，可得到活塞体动力学方程：
轴向运动方向：

$$m_c \cdot \ddot{x}_c = \sum F_x = \sum_i F_{cx_i} - F_{gcx} - F_{gas} - F_{r_x} + F_{pincx} - F_{linkx} \qquad (3.5)$$

横向运动方向：

$$m_c \cdot \ddot{y}_c = \sum F_y = \sum_i F_{cy_i} - F_{gcy} - F_{ry} + F_{pincy} - F_{linky} \qquad (3.6)$$

绕活塞销轴转动：

$$\Theta_c \cdot \ddot{K}_c = \sum M = M_c + M_{gc} + M_{gas} + M_r + M_{pc} \qquad (3.7)$$

其中，m_c 为活塞质量；Θ_c 为活塞体绕活塞销轴线的转动惯量；F_{gc} 为活塞重量；F_{gas} 为缸内燃气压力；F_r 为活塞环与活塞接触力；F_{c_i} 为活塞主、次推力侧横截面的接触力；F_{pin} 为活塞销受到的作用力；F_{link} 为连杆小头处受到的作用力；M_c 为由侧向力引起的活塞体绕活塞销轴转动力矩；M_{gc} 为由质量引起的活塞体绕活塞销轴转动力矩；M_r 为由活塞环轴向、径向力引起的活塞体力矩；

M_{pc} 为活塞与活塞销的摩擦力矩。

　　由以上分析分别得到活塞往复直线运动和二阶运动的规律，即内冷油腔的运动规律，其运动位移示意图如图 3.4 所示。

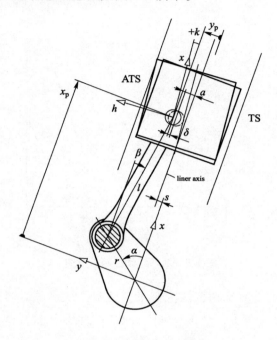

图 3.4　活塞运动示意图

x 方向的运动位移公式可表示为

$$x_p = r \cdot \cos\alpha + \sqrt{l^2 - (y_p - r\sin\alpha)^2} = r \cdot \cos\alpha + l \cdot \cos\beta; \qquad (3.8)$$

y 方向的运动位移公式可表示为

$$y_p = s + a + \delta \qquad (3.9)$$

其中，x_p 为活塞轴向位移；y_p 为活塞径向位移；s 为曲轴偏置量；a 为活塞销孔偏置量；δ 为活塞销径向位移；α 为曲轴转角；β 为连杆摆角；l 为连杆长度；r 为曲柄半径。

3.2.3.2　活塞往复直线运动对腔内流动的影响

　　活塞以下止点位置作为 0 点位置，离开此位置后的位移均为正，到达上止点时（180°位置）为最大位移。对于速度，与受力方向一致，规定指向气缸顶部方向为正，因此在越过上止点时速度符号发生改变。对于加速度，其方向与合外力的方向相同，加速度为正时，速度矢量增加，加速度为负时，速度矢量减小。另外惯性力的方向始终与加速度的方向相反，如图3.5所示。

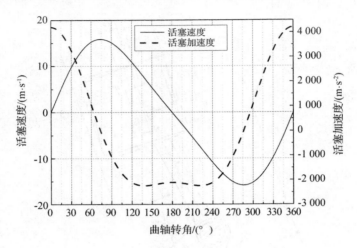

图3.5 活塞运动趋势与方向

腔内两相流的轴向流动特性主要来自活塞往复直线运动的影响。根据图3.5对活塞一个运动周期内的内冷油腔内两相流流动进行理论分析，得出以下结论。活塞从下止点向上运动时，受惯性力作用，气液两相流产生正向加速度，于是环形腔内上部空气被压缩，空间被机油占据。活塞向上止点移动时，活塞与喷油之间的相对速度由于沿相同方向的运动而逐渐减小，此时环形腔内的机油量相对较少。到达60°曲轴转角附近时，环形腔内的机油量最少。此时，机油加速度开始换向，速度达到最大值，两相流轴向流动的趋势降低，因此，机油的湍动强度也比较弱。活塞继续向上运动，速度开始减小，机油由于惯性，开始脱离内冷油腔底部，上部空气空间继续被机油填充，而腔内下部开始被空气填充。活塞运动到上止点时速度为零，机油完全占据环形腔上部空间，并与环形腔顶面发生剧烈撞击，增强了内冷油腔顶面的换热。

当活塞从上止点换向后，活塞速度负向增加，活塞和喷油之间的相对速度逐渐增加（180°~270°），进入内冷油腔的机油量增加，同时内冷油腔出口的机油因为惯性作用而无法流出，因此环形腔内的机油量较多。当活塞继续向下移动并且减速时，同样由于惯性作用，机油开始离开内冷油腔顶面，环形腔底部的空气减少。另外，内冷油腔进油口开始出现回流，出油口也有机油流出。此时环形腔的机油振荡强度不高。接近下止点时，活塞速度再次降低至零，机油以相对较高的速度撞击环形腔底面，产生强烈振荡，并占据空气的空间，同时环形腔的上部大部分被空气填充。

综上所述，活塞往复直线运动主要是在上止点和下止点破坏了气液两相流的界面稳定性。仅考虑活塞往复直线运动的影响时，在活塞上行和下行过程中，受环形腔进口机油和空气流速的影响，使得环形腔内两相流在惯性力作用下的轴向速度并不完全一致，导致界面不稳定，而产生波状流。

3.2.3.3 活塞二阶运动对腔内流动的影响

由于活塞二阶运动的存在，改变了环形腔内两相流的轴向和周向流动特性，使得内冷油腔内的流动形态更加多样化。受活塞侧向力、缸套的弹性变形、活塞型线设计及配缸间隙的影响，活塞二阶运动的轨迹比较复杂。复杂的运动使得活塞头部产生横向运动和摆动，从而改变了内冷油腔内两相流的流动形态。图3.6给出了一个工作循环内活塞头部的横向运动和摆动情况。

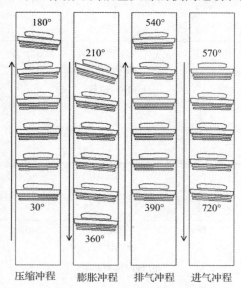

图3.6 活塞运动过程中的摆动

　　从图 3.6 可以看出，活塞在上下往复运动的同时时刻都伴随着横向及绕活塞销摆动的二阶运动，在上、下止点时刻二阶运动更加明显，尤其是在燃烧上止点前后（150°～210°），活塞头部先向次推力侧摆动，然后再摆向主推力侧，同时活塞整体向主推力侧横向运动，活塞二阶运动十分剧烈。在排气及进气冲程中间时刻活塞也发生一次换向，二阶运动也较明显。由此可知，二阶运动对内冷油腔内两相流的流动形态的影响比往复直线运动的影响更为复杂。从动力学角度考虑，分别定性分析横向运动和摆动对两相流流动的影响。

　　图 3.7 给出了一个工作循环内活塞横向运动的变化规律。活塞在侧向力及配缸间隙的作用下，将发生从缸套一侧向另一侧的横向运动。在压缩行程后期（接近 180°的位置）次推力侧压着缸套上行，在燃烧上止点（180°）附近活塞顶部受到最高燃烧压力（爆压）作用，产生的侧向力也最大，使得活塞迅速从次推力侧向主推力侧运动，此时活塞运动速度及加速度最大，因此活塞横向位移也最大。结合图 3.7（a）、（b）来看，活塞只有在上止点附近，

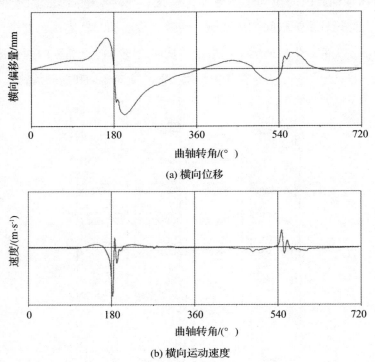

(a) 横向位移

(b) 横向运动速度

图 3.7　活塞横向运动规律

横向运动较明显，此时内冷油腔内的流体处于换向的状态。受横向运动的影响，周向流动加快，改变了流动特性，使得流动形态随之改变。由于横向运动的不稳定性，两相流流动形态的变化不会完全相同。

图 3.8 给出了一个工作循环内活塞的摆动规律。活塞在发生横向运动的同时受到由侧向力引起的活塞体绕活塞销轴转动力矩、由质量引起的活塞体绕活塞销轴转动力矩、由活塞环轴向及径向力引起的活塞体力矩、活塞与活塞销的摩擦力矩等作用而发生活塞绕活塞销的摆动，且摆动方向随力矩变化而时刻变化。在燃烧上止点（180°）附近活塞换向时的摆动角速度及加速度最大，摆动角度也最大；在进气上止点（360°）及下止点时刻活塞摆动也较明显。因此，上下止点时内冷油腔内流体在活塞摆动的作用下，振荡较复杂。图 3.8（b）显示，运动到上止点附近时摆动角速度最大，一个工作循环内，两个上止点的摆动方向不同，大小不同，因此流动的方向和两相流动的高度不同，界面形状也会不同。

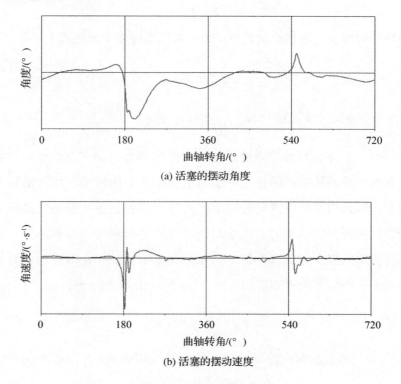

(a) 活塞的摆动角度

(b) 活塞的摆动速度

图 3.8 活塞摆动规律

3.2.4 强化换热准则的预测

通过对活塞运动的分析，可以看出活塞往复运动时，内冷油腔内的液相介质（机油）随之产生剧烈振荡。液相介质对内腔壁面的不断冲刷进行强化换热，因此内冷油腔内机油对壁面的冲刷强度是表征换热大小的标准。由式（3.3）表达的内腔壁与腔内介质间的剪应力计算式可知，内冷油腔壁面与液相介质的剪应力可以有效表达机油对内腔壁的冲刷力，从而可以表征换热效果的强弱。另外，对冲刷强度做出重要贡献的还有活塞运动过程中液相（机油）的速度。根据王鹏[145]对往复振荡条件下空气−水两相流换热强弱的判定准则 F 及式（3.3）液相剪切应力的定义可知，内冷油腔内的气液（机油−空气）两相流换热可以直接通过内冷油腔壁面与液相介质的剪应力来表征换热强度，因此可以将判定准则定义为

$$F = F_\tau \tag{3.10}$$

内冷油腔壁面与液相介质的剪应力还可以通过以下表达式来计算：

$$\tau = \mu \frac{\mathrm{d}V}{\mathrm{d}H} \tag{3.11}$$

式中：μ 为流体的动力黏度系数；$\frac{\mathrm{d}V}{\mathrm{d}H}$ 为速度梯度。

式（3.11）中内冷油腔内壁面与液相剪切应力的定义为单位面积的切应力，液相与内冷油腔壁面的整体剪切力取决于油腔内机油与内冷油腔壁面的接触面积，因此内冷油腔内机油对壁面的冲刷面积是强化换热的另一个重要影响因素。不同曲轴转角时，机油对内冷油腔壁面的冲刷面积不同，由此提出面积覆盖率的概念如式（3.12）所示。即某个曲轴转角对应的位置，机油对内冷油腔壁面的有效冲刷面积与内冷油腔内表面积的比值。

$$F_A = \frac{S_{\mathrm{oil}}}{S} \times 100\% \tag{3.12}$$

式中：S_{oil} 为机油机油对内冷油腔壁面的有效冲刷面积；S 为内冷油腔的内表面积。

综合以上分析，通过对预测模型和转换机理的理论研究，获得了强化换热的标定准则，进一步通过试验结果比较内冷油腔冷却的关键影响因素，液相速度、液相黏度、机油对油腔壁面的冲刷面积、管径对气液两相流流动形态和转换的影响。

3.3　试验装置及过程

3.3.1　试验装置的建立

开发并搭建动态可视化打靶试验台如图 3.9 所示，包括工作台、合金铸铁缸套、透明玻璃罩、活塞、透明内冷油腔、驱动电机、控制面板和液压站（油循环控制系统）。

图 3.9　可视化试验系统

工作台上设置有可在平面内移动的调节块，调节块上固定有喷嘴，喷嘴经管路与液压站相连接，通过移动调节块使喷嘴轴线与进油道轴线在同一直线上，以便向进油道中喷入冷却液。合金铸铁缸套位于工作台的上方，活塞置于缸套中，驱动电机输出轴上固定有曲轴，曲轴上固定有驱使活塞往复运动的连杆。合金铸铁缸套下方是透明缸套，透明内冷油腔在透明缸套内，通过固定圆盘和螺纹杆连接在活塞上。试验用透明缸套和透明内冷油腔使用可视化材料，以方便观察活塞往复运动过程中冷却液进出内冷油腔的过程，以及记录和分析内冷油腔内流体的流动形态。

油循环控制系统使用油作为传热媒体，通过电热加温、热交换器冷却以及热油循环泵强制循环，实现对油温的精确控制，由延时继电器控制喷油的时间。此系统如图3.10所示，主要由以下四部分组成，油箱、热交换冷却器、电加热器及油循环泵。

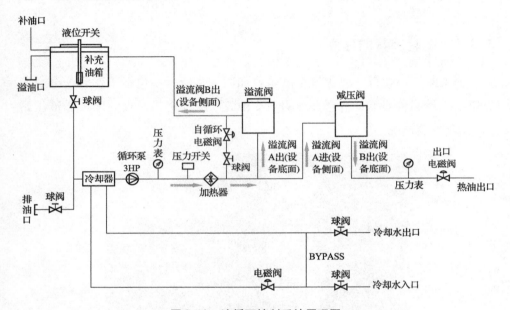

图3.10 油循环控制系统原理图

机油通过油箱进入冷却器后由循环泵加压，在电加热器中进行加热，通过自循环电磁阀返回油箱，形成一个内循环系统，当感温传感器测到的油温达到设定值，电加热器停止工作。当循环系统的温度高于设定温度时，热交换冷却器前端的电磁阀打开，外部冷却水进入到热交换冷却器，水循环开启，对循环系统的机油进行冷却降温，使系统的整体油温保持在设定值的恒定温度。按照试验需要的喷油时间调整好延时继电器，按下喷油键，喷油出口电磁阀打开，循环系统内的热油经过调压阀到达喷油嘴，调节调压阀的开度，达到试验所需的喷油压力，开始试验。

另外，动态可视化打靶试验台还包括用于对液压站的工作状态进行控制的液压站控制面板和用于对驱动电机的工作状态进行控制的电机控制面板，在液压站控制面板和电机控制面板的控制作用下，得到不同转速的活塞往复运动和不同温度、不同压力的喷油流量。

3.3.2　试验过程

对于稳态活塞冷却研究的试验，已有大量文献进行研究，并给出了稳态条件下的换热规律，在此不再赘述。受动态打靶试验台台架条件和拍摄条件的限制，本研究只进行了转速在 200 ~ 600 r/min 之间的可视化试验，试验原理示意图如图 3.11 所示。

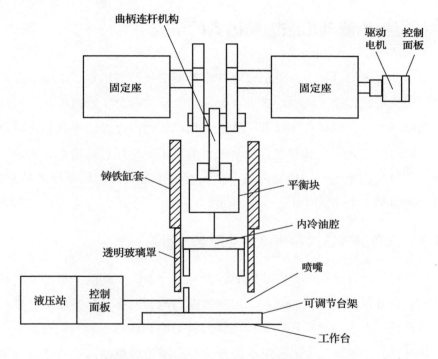

1—工作台；2—调节块；3—缸套；4—活塞；5—驱动电机；6—曲轴；7—连杆；
8—喷嘴；9—透明玻璃罩；10—进油道；11—横腔；12—出油道；
13—液压站控制面板；14—液压站；15—电机控制面板；
16—接油盘；17—平衡块；18—固定座

图 3.11　试验平台的原理示意图

试验过程如下：①将活塞工装安装好，使活塞位于下止点位置，并对试验工装系统进行检测，验证喷嘴和透明内冷油腔进油口的距离为实际活塞运行时，活塞在下止点时的位置；②对喷油系统进行检查，确保喷嘴轴线与进油道轴线与图纸的位置一致，以便减小试验系统带来的误差；③启动冷却系统，防止机油温度过高，保证喷油系统正常运行；④启动液压站，预热机油，将机油加热至70 ℃，并控制面板调节喷油压力至2.5 bar；⑤启动驱动电机，并将转速调至200 r/min；⑥目测流型，并通过摄像机记录试验过程中的流型变化。改变驱动电机的转速，并通过控制面板改变喷油压力、喷油温度等完成不同条件的试验研究。

3.4　两相流流动形态影响因素的研究

活塞往复运动过程中，由于气液两相界面变化的随机性，流动形态的变化特征与发动机转速、两相的物性、流量以及流动参数、管道的几何形状和往复运动时的位置有着密切联系。通过试验观察到内冷油腔内两相流动形态沿程发展，由于管型和试验参数的限制，流型主要呈现以下特征：①分层流生成；②波状流出现；③段塞流的产生；④由于受到试验观察设备的限制，部分过渡流型无法仔细区分。

3.4.1　发动机转速对两相流流动形态的影响

在发动机运行过程中，发动机的转速对内冷油腔中的流动形态有着显著的影响。随着发动机转速的增加，内冷油腔内液相的振荡特性增加，受往复惯性力影响，内冷油腔运行到不同位置时其影响程度也不相同。因此，改变发动机转速，对不同发动机转速下内冷油腔内两相流流动形态及其转变进行探讨分析对研究内冷油腔的传热机理是有效的途径之一。

图3.12是试验中用摄像机直接拍摄得到的流动形态的形成过程。图3.12（a）为标记的内冷油腔往复运动时的位置图，以方便判断不同流动形态出现的位置。从图像显示的气液界面的界面变化可以看出，当发动机转速较小时，填充率也比较大，此时气液界面比较明显，几乎没有波动，如图3.12（b）所示；

(a)内冷油腔的位置图

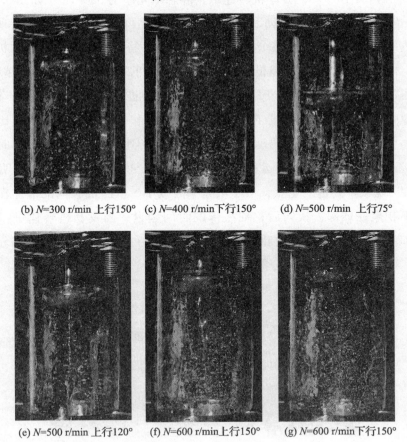

(b) N=300 r/min 上行150°   (c) N=400 r/min下行150°   (d) N=500 r/min 上行75°

(e) N=500 r/min 上行120°   (f) N=600 r/min上行150°   (g) N=600 r/min下行150°

图 3.12 段塞流的形成过程

随着转速增大，填充率随之减小，而且气液两相流的振荡特性随着活塞往复运动的频率增加而增强，出现波状流，如图 3.12（c）所示；继续增加转速，内冷油腔内的液相开始出现大振幅的波动，并有阻塞内冷油腔管道的趋势，如图 3.12（d），（e）所示；内冷油腔运行到上止点时，液相迅速上升形成波浪，波浪迅速增大并冲向顶部壁面，换向时在往复运动的惯性作用下，阻塞管道的液量足以形成液桥，出现段塞流，如图 3.12（f），（g）所示。通过试验发现，段塞流主要出现在上止点换向时，往复惯性力的作用使得管内底部的液相冲向管内顶面，波浪的头部紊乱且出现堵塞整个管道截面的现象，提前冲向顶部壁面的液相回落到下部壁面，形成"液塞"现象。

图 3.14 给出了不同发动机转速下，静态填充率为 35% 时（如图 3.13 所示），内冷油腔内两相流流动形态的变化。由对比可以看出，发动机转速不同时，内冷油腔内两相流在整个活塞行程时的振荡特性大致相同，发动机转速越高，内冷油腔的填充率越低，流体湍动越剧烈，流动形态的变化越明显，使得机油在内冷油腔内同一时间的覆盖面增加。进一步对比发现，发动机转速为 300 r/min 时，内冷油腔内的流体在上止点和下止点之间表现出比较稳定的波状流形态，机油的湍动较小；当发动机转速增大到 450 r/min 时，内冷油腔从下止点向上止点运行过程中的波动变得剧烈，流体出现明显的"液塞"现象。到达上止点，由于填充率的减小，内冷油腔内的液体在惯性作用下积聚在顶部，换向后移向底部的时间延迟；当发动机转速进一步增加到 600 r/min 时，内冷油腔内的流体出现飞溅，流体的"液塞"部分湍动较大，下止点的流体比较分散、细密。

图 3.13　静态填充率

N=300 r/min　　　　　　N=450 r/min　　　　　　N=600 r/min

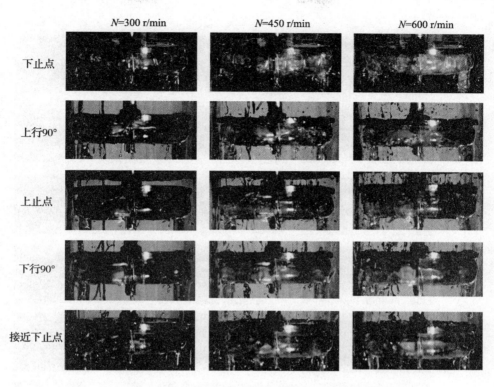

下止点

上行90°

上止点

下行90°

接近下止点

图 3.14　不同发动机转速下两相流流动形态

3.4.2　喷油压力对两相流流动形态的影响

喷油压力不同，喷流量不同。随着喷油压力增加，喷流量增大，内冷油腔在静止状态时，液相高度也随之增加。图 3.15 给出了不同喷油压力下，内冷油腔静止时液相高度的变化。图 3.16 给出了不同喷油压力下，发动机转速为 600 r/min 时，每个液相高度对应的内冷油腔内两相流流动形态的变化规律。

图 3.15　静态液相高度

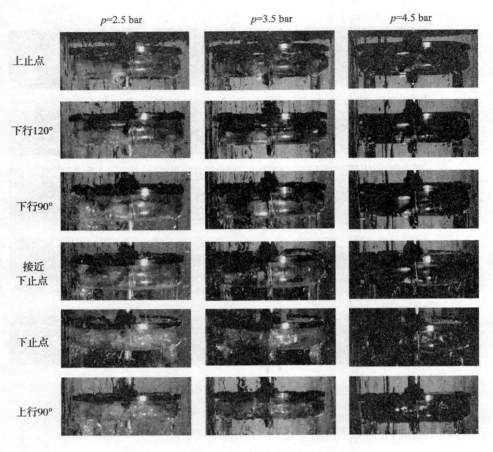

图 3.16 不同喷油压力下两相流流动形态

对比图中流动形态的分布及其转换发现，喷射压力对两相流流动形态的分布影响甚微，但液相高度对往复运动时动态填充率的影响比较显著。发动机转速不变，喷油压力增加，相同时间内，喷入到内冷油腔内的机油量增加，液相高度增大，液相高度率小于50%时，随着压力增加，喷油速度增大，使得喷油速度与内冷油腔上行时的相对运动速度减小，内冷油腔进油口的回流以及出油口的流出速率增加出油量随之增多，因而压力变化时，往复运动过程中液相高度变化不大。但是当液相高度率大于等于50%时，往复运动时，同样的转速下机油的振荡受到严重影响。喷油压力较大时，液相高度增加，其振荡强度随之减弱。但是液相高度的增加，增大了循环中每个位置机油对壁面的冲刷面积。由此可以得出结论，当液相高度在50%左右时，机油对内腔壁面的冲刷强度最高。对比流型分布发现，喷射压力不同，会影响到"液塞"形成时的液体量，对流动形态的种类影响甚微。在活塞往复运动作用下，其内两相流流动形态依然是波状流和段塞流交替存在。发动机转速不变，喷油压力增加，内冷油腔进油口处形成的漩涡增大，波浪起伏的位置随之往后推移。

3.4.3　喷油温度对两相流流动形态的影响

根据以往学者对水平管道的试验和理论研究可知，气液两相流的流动形态及流动形态的改变受到管内流体物性参数的影响。本书通过改变内冷油腔内流体的温度进行试验研究，分析探讨物性参数对内冷油腔内两相流流动形态的影响。表3.1所示为试验研究时的参数取值。

表 3.1　试验的两相流物性参数

影响因素	参　　数			
发动机转速/$(r \cdot min^{-1})$	600	600	300	600
温度/℃	65	75	75	90
液相黏度/$(Pa \cdot s)$	0.05	0.03	0.03	0.02
气相密度/$(kg \cdot m^{-3})$	1.044	1.014	1.014	0.973

图3.17给出了发动机转速为600 r/min时，不同液相黏度下气液两相流流动形态分布及其转变图，并将其与转速为300 r/min时的流动形态的分布进行比较分析，可以得出如下结论。

液相黏度对流动的影响非常明显。当液相黏度从0.05 Pa·s降低到0.02 Pa·s时，相应的气相密度从1.044 kg·m^{-3}减小到0.973 kg·m^{-3}，这使得往复运动中气相占据的空间增加，液相相对减少，因此流动形态的分布也有很大变化，而且流动形态转变的位置发生了位移。由此可以看出，液相黏度对流型转变的影响较大。通过与发动机转速为300 r/min的流型转变界线对比发现，液相黏度越低，流型转变时所需的发动机转速越低。对比不同黏度流体在不同位置的流动形态发现，随着活塞往复运动，在气液界面形成的波状流波幅不同。液相黏度越低，波幅越小，波浪数量越多，且波浪比较散；

而且液相黏度越低，波浪越不规则，进入"液塞"段的机油越多，波浪长度也不稳定。随着液相黏度增加，内冷油腔在下止点和上止点换向时，在往复惯性力的作用下，黏度高的两相流出现"段塞"的位置越靠前，且形成的"液塞"流动越明显。

根据以上对比分析可知，液相黏度和气相密度共同作用改变了内冷油腔内气液两相流流动形态的分布及转变。其变化规律为：同一转速下，随着液相黏度和气相密度减小，内冷油腔内两相流振荡的强度增加，形成的"液塞"比较分散，对壁面的冲刷也较多。液相黏度和气相密度越小，机油越"稀薄"，参与振荡的机油随之减少。但是同一转速下，不同位置时机油在内冷油腔内的覆盖面积的大小差别不大。

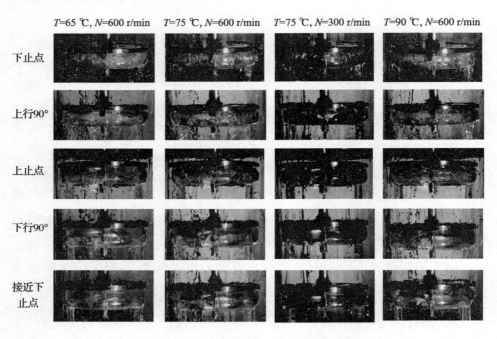

图 3.17　不同液相黏度下两相流流动形态

3.4.4　内冷油腔形状对两相流流动形态的影响

内冷油腔内的气液两相流流动属于小管径流动。与大管径流动相比，小管径内的两相流的流动形态和转换特性更为复杂。本试验在以往水平小管径流动研究和模拟内冷油腔的研究基础上，对真实的内冷油腔管道进行研究，考虑内冷油腔截面形状和内冷油腔管径大小（以内冷油腔环形腔的轴向高度表示）的影响，内冷油腔参数如表 3.2 所示，给出活塞往复运动过程中，不同位置时的流动形态图，并研究了流动形态的变化规律。

表 3.2　内冷油腔模型参数

项目名称	参　　数		
内冷油腔形状	腰形	椭圆形	水滴形
环形腔高度 H_e/mm	18.0	18.0	18.0
环形腔截面积/mm^2	194	197	185

3.4.4.1　内冷油腔截面形状对两相流流动形态的影响

内冷油腔形状不同，其截面积的大小不同。同一运行工况下，相同喷油条件下，内冷油腔的填充率随之变化。为了消除填充率不同带来的影响，试验时，使其静态填充率相同，观察发动机转速为 600 r/min 时不同形状内冷油腔内流动形态的变化。内冷油腔截面形状如图 3.18 所示。

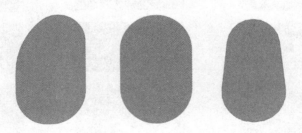

图 3.18　内冷油腔截面形状

图 3.19 给出了不同截面形状下内冷油腔内两相流的流动变化。对比试验中不同截面形状内冷油腔内机油的运动发现，腰形内冷油腔的机油比较明显的是，大部分循环中，内冷油腔上行时，右侧的机油比较早地撞向油腔顶部，下行时，则是左侧比较早地撞向底部，从正面外部看去，假设是一个平面，机油是在做逆循环运动。机油在油腔顶部时呈现明显的波浪状，在油腔底部

不同的循环则呈现不同的状态，而且其形成"液塞"的部位大多集中在90°和270°附近。椭圆形内冷油腔内的机油，形成"液塞"的位置比较多，并非在上止点和下止点换向时出现，而且到达上止点时，机油全部积聚在油腔顶部，很明显地呈现出波浪状，一般都比较规则。水滴形内冷油腔下行时，大多数循环中都是靠近内冷油腔进出油口的机油先向下形成"液塞"，从而中间形成一个比较大的空白。对比还可以看出，腰形和椭圆形截面积较大，下止点时机油的振荡更加剧烈，每个位置的覆盖面积跨度更大，形成的波状形态的波幅比较大。

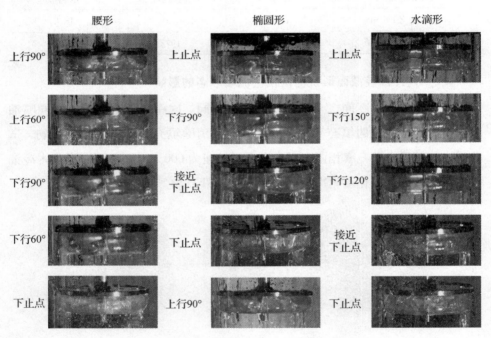

图 3.19　不同内冷油腔截面形状下两相流流动形态

3.4.4.2　内冷油腔管径大小对两相流流动形态的影响

以腰形截面的内冷油腔为研究对象，对相同截面形状、不同特征直径的内冷油腔进行瞬态可视化试验，分析探讨两相流流动形态的变化规律。不同特征直径透明内冷油腔的实物图如图 3.20 所示，He 代表油腔的高度。

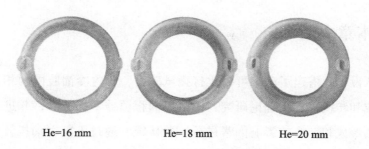

He=16 mm　　　　　He=18 mm　　　　　He=20 mm

图3.20　透明内冷油腔实物图

　　图3.21给出了不同内冷油腔直径下两相流流动形态。通过改变内冷油腔直径改变内冷油腔的大小，对不同特征直径的内冷油腔两相流流型及其转换特性进行试验研究。对比发现，管径尺寸变化并不影响管内流型分布的整体结构，但是对振荡强度和流型转变边界的影响很大。随着内冷油腔特征直径的增大，同样的运行工况下填充率相对减小，波状流保持的时间越长，流型转变的临界点随之往后推移。内冷油腔直径较小时，填充率较大，振荡需要的转速越高，而且机油在内冷油腔内的覆盖面比较固定。内冷油腔特征直径越大，相同的转速下，机油振荡越剧烈，段塞流形成的频率也越高，"液塞"的长度越短。振荡的不稳定性使得机油在内冷油腔内的覆盖率变化较大。

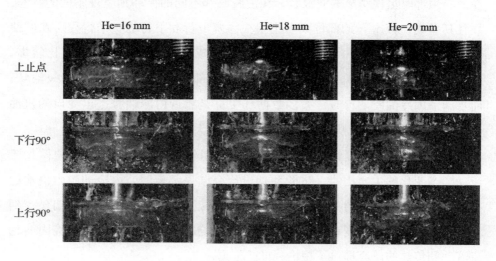

图3.21　不同内冷油腔直径下两相流流动形态

3.5　本章小结

本章设计并搭建了动态可视化打靶试验台，对内冷油腔内两相流流动形态的形成和转换进行了理论研究，提出了面积覆盖率的概念，并进一步对流动形态的形成和转换的影响因素进行试验研究。通过不同发动机转速、喷油温度、喷油压力、内冷油腔结构下内冷油腔两相流流动形态的试验，可以得出以下结论。

（1）发动机转速较低时，内冷油腔内两相流以波状流为主，随着发动机转速增加，"液塞"现象越明显。发动机转速越高，机油振荡越剧烈，内冷油腔内两相流流动形态越复杂。通过对不同喷油压力下内冷油腔内流动形态的对比发现，喷油压力对油腔内的流动影响甚微。

（2）试验表明，两相流的介质物性与其流动形态的发展有密切联系。喷油温度不同，直接导致了内冷油腔内液相黏度的改变。液相黏度增大，加速了流型的改变，使得出现"液塞"现象所需的发动机转速降低。

（3）内冷油腔的截面形状对其运动形态影响较大。腰形内冷油腔的机油在油腔顶部时呈现明显的波浪状，在油腔底部不同的循环则呈现不同的状态，而且其形成"液塞"的部位大多集中在活塞上行和下行的一半行程所在的曲轴转角附近；椭圆形内冷油腔内的机油，形成"液塞"趋势的位置比较多，而且到达上止点时，机油全部积聚在油腔顶部，呈现出比较规则的波浪状；而水滴形内冷油腔下行时，大多数循环中都是靠近内冷油腔进出油口的机油先向下形成"液塞"，从而中间形成一个比较大的空白。

综上所述，在往复惯性力作用下，发动机转速是影响内冷油腔内两相流流动形态变化的主要因素。试验和理论研究结果都表明，内冷油腔内机油的有效冲刷面积是换热的关键，内冷油腔内两相流的流动形态和转变明显受到发动机转速、液相温度和内冷油腔形状的影响，这一结论为内冷油腔内两相流流动和传热的研究提供了理论和试验依据。

第4章 内冷油腔内两相流动态特性的数值研究

4.1 引言

高温燃气与活塞顶面通过对流和辐射两种方式传递热量,从而使活塞的热负荷显著增高。为了解决活塞热负荷过高的问题,采用内冷油腔设计的内燃机活塞,利用冷却油在油腔里的不断振荡以加强冷却。内冷油腔对活塞的冷却是一个瞬时变化的过程,单纯的稳态计算不能实时地反映喷油冷却不同时刻的情况。因此,内燃机活塞内冷油腔的动态模拟成为近年来研究的热点。

通过第3章的研究,发现发动机转速、机油温度、内冷油腔的结构对内冷油腔内流动形态的影响不同,但受试验台架条件的限制,试验只能在发动机转速为 200~600 r/min 范围内进行。而利用计算流体力学软件则可以模拟各种复杂条件下内冷油腔内的两相流流动与传热问题,成为研究两相流动态特性的重要手段。

本章利用计算流体力学的多相流流动模型以及动网格技术,模拟了高转速下内冷油腔内两相流的动态特性和传热特性,综合研究了内冷油腔内两相流动态特性的影响因素,并探讨了填充率、传热系数等之间的关联以及不同影响条件下,内冷油腔的机油覆盖率、填充率和换热系数随着曲轴转角的变化规律,从而为活塞内冷油腔的优化提供依据。

4.2 研究对象和研究方法

4.2.1 CFD 模型的建立

用三维作图软件建立内冷油腔的计算模型。流体区域模型包括环状内冷油腔、进出油道部分、活塞底部流体区域和喷嘴（计算域的进口）。内冷油腔的参数参见第3章中表3.5所示。内燃机运行参数如表4.1所示。为加快计算速度，将活塞底部的流体区域简化为圆柱体。物理模型示意图如图4.1所示。

表4.1　内燃机技术参数

项目名称	参　　数
试验转速/(r·min^{-1})	300 ~ 600
模拟转速/(r·min^{-1})	600 ~ 3 000
行程/mm	144
连杆长度/mm	216

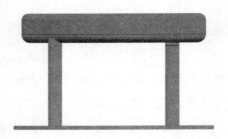

图4.1　物理模型示意图

网格生成是数值计算中重要的前处理过程。采用动网格模型模拟活塞的往复运动，忽略活塞的横向运动，设定整个流体区域做刚体运动，建立数值计算所需的动网格模型，如图4.2所示。

图4.2　内冷油腔流体域网格模型示意图

对其进行静网格和动网格尺寸无关性分析，以确保计算结果的准确性。由于本书关注的是内冷油腔内部的流动和传热过程，传热系数分布是比较重要的因素。图 4.3 显示了不同网格数时，内冷油腔顶面上的对流换热系数随曲轴转角的变化，其中 mesh1，mesh2，mesh3 分别代表网格数为 200 000，300 000，400 000 时的网格模型。通过比较可以看出，这些特定的网格产生基本相同的结果。

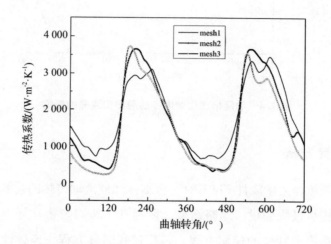

图 4.3　静网格数量对传热系数的影响

通过改变动网格尺寸，来改变动网格的疏密。分别设置动网格尺寸与周围网格尺寸比例为 0.5，1.0，1.5，计算得到内冷油腔出油口的流量，并与试验值进行对比，分析网格精度对结果的影响。图 4.4 显示了网格细化对内冷油腔流量的影响。由于内冷油腔运行到接近下止点时，内冷油腔出口的流量变化较大，因此计算所得流量值也出现大的波动。

通过对比计算模拟结果和试验结果中内冷油腔出口流量 Q_{out} 表明，不同网格计算所得结果与试验值之间的误差都在工程允许的范围（10%）以内。结果显示，网格的细化程度不同，计算结果的精度也不同，当动网格尺寸与周围网格尺寸比例 a 为 0.5~1.0 时，计算精度比较高。为了保证计算精度的同时节省计算时间，选用 $a = 1.0$，即动网格尺寸设置为 2 mm。

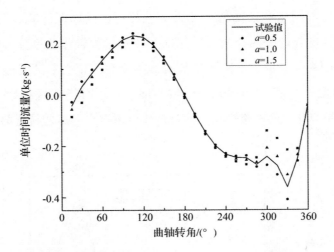

图 4.4 动网格细化对内冷油腔出口流量的影响

4.2.2 研究方法

利用计算流体力学软件 FLUENT，根据冷却液流动传热的初始条件和边界条件，提出传热过程假设，忽略活塞二阶运动、非均匀物性等因素，建立基于两相流振荡流动特性的控制方程，包括过程微分方程、连续性方程、动量微分方程和能量微分方程，结合 Level－set＋VOF 模型（Level set 模型与 VOF 模型的耦合模型）和湍流模型进行瞬态数值分析，确定活塞油腔中冷却液的流动及传热过程，其分析流程如图 4.5 所示。

4.3 控制方程及边界条件的建立

4.3.1 湍流模型

本研究使用 CFD 软件 FLUENT 对三维瞬态流动进行求解。根据文献[116-118]中研究结果可知，SST $k-\omega$ 湍流模型相比于 $k-$epsilon 的湍流模型，其预测内冷油腔振荡冷却效果的精度较高，因此，湍流模型选择 SST $k-\omega$ 模型。其核心思想是近壁面利用 $k-\omega$ 模型的鲁棒性，以捕捉到黏性底层的流

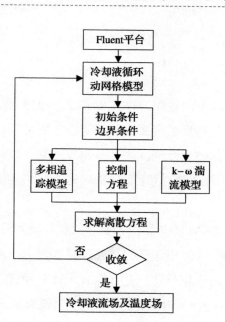

图 4.5　数值分析流程图

动。而在主流区域利用 k – epsilon 模型又可以避免 $k-\omega$ 模型对入口湍动参数
过于敏感的劣势。SST $k-\omega$ 模型是将 $k-\omega$ 模型与 k – epsilon 模型结合在一起
的双方程模型，其方程表达式为

$$\frac{\partial}{\partial t}(\rho k) + \frac{\partial}{\partial x_i}(\rho k u_i) = \frac{\partial}{\partial x_j}(\Gamma_k \frac{\partial k}{\partial x_j}) + \widetilde{G}_k - Y_k + S_k \qquad (4.1)$$

$$\frac{\partial}{\partial t}(\rho \omega) + \frac{\partial}{\partial x_i}(\rho \omega u_i) = \frac{\partial}{\partial x_j}(\Gamma_\omega \frac{\partial \omega}{\partial x_j}) + G_\omega - Y_\omega + D_\omega + S_\omega \qquad (4.2)$$

式中：G_k 为由于平均速度梯度引起的湍流动能的生产相；G_ω 为 ω 的生成相；
Γ_k 和 Γ_ω 分别为 k 和 ω 的有效扩散系数；Y_k 和 Y_ω 分别为 k 和 ω 的湍流耗散相；
D_ω 代表正交扩散项；S_k 和 S_ω 是自定源相。

湍动能 k 和 ω 分别通过式（4.3），（4.4）计算。

$$k = \frac{3}{2}(u \cdot I)^2 \qquad (4.3)$$

$$\omega = \frac{k^{\frac{1}{2}}}{C_\mu^{\frac{1}{4}} l} \qquad (4.4)$$

式中：u 为平均速度；I 为湍流强度；C_μ 为经验常数，默认值为 0.09。

4.3.2　两相流模型

内冷油腔内两相流流动过程中存在相界面。相界面受各种因素影响，使得此处流场参数，尤其是流场密度、黏度等产生明显变化，以致相界面的位置和相界面的表面形状随之改变。另外，相界面是气液两相之间质量、动量和能量的传递通道。因此，数值计算时精确地追踪相界面是控制方程得以求解的前提。

数值计算软件 FLUENT 中提供了两种追踪相界面的模型，VOF 和 Level set 模型。VOF 模型中的气液两相流没有相互穿插，每一个相对应一个单独的变量，即计算单元里相的体积分数。并且在每个计算单元内，两相的体积分数之和为 1。因此，当 $\partial\alpha_{oil} = 0$ 时，油腔内只有空气没有机油；当 $\partial\alpha_{oil} = 1$ 时，油腔内只有机油没有空气；当 $0 < \partial\alpha_{oil} < 1$ 时，油腔内既有空气也有机油，机油和空气的关系如下式（4.5）所示。

$$\partial\alpha_{oil} + \partial\alpha_{air} = 1 \tag{4.5}$$

Level set 模型通过 Level set 函数对分界面进行捕捉和跟踪。Level set 函数，如式（4.6）所示，具有光滑和连续的特性，且其空间梯度能够精确地进行计算，因此可以更加准确地估算界面的曲率和表面张力引起的弯曲效应。Level set 模型得到的界面法向 $\boldsymbol{n}$ 的表达式为 $\boldsymbol{n} = \nabla\phi/\left|\nabla\phi\right|$，其中$\nabla\phi$ 用中心差分格式进行离散。

$$\phi(x,t) = \begin{cases} + \left| d \right| \\ 0 \\ - \left| d \right| \end{cases} \tag{4.6}$$

式中：d 为某点到相界面的距离，距离为正时属于第一相，距离为负时属于第二相，距离为零时在相界面上。

但是实际计算中，单纯应用 VOF 模型计算的相界面不是连续的，Level set 模型计算时体积守恒方面存在缺陷。研究表明[146-147]，将 VOF 模型和 Level set 模型结合起来，既可以克服 VOF 方法难以准确计算界面的法向和曲率的缺点，又能避免 Level Set 方法不守恒而导致计算过程中有物理量损失的弊端，因此能更准确的模拟两相流的分布。

本书研究中采 Level – set + VOF 耦合模型，此耦合模型对气液两相流求解同一动量方程组，以 VOF 方程求解为主体，用所求 Level set 函数来校正界面法向代替 VOF 模型中的界面法向（以 n 来表示法向），通过分别追踪气相和液相的体积分数来模拟两相流流动。与文献［122］提到的 CLSVOF（也是 Level – set + VOF 耦合的一种模型）方法相比，本书采用的 Level – set + VOF 耦合模型，与文献［148］提到的 CVOFLS 模型类似，同样省略了 Level – set 重复初始化的过程。Level – set + VOF 耦合模型直接将生成的线性界面应用于 VOF 模型的界面校正，在提高计算精度的同时，节省了大量计算时间。为了进一步提高两相界面的清晰度，本书计算时先通过隐式计算至两相分布收敛，然后在其基础上进行显式计算。图 4.6 给出了仅使用隐式计算与隐式、显式相结合的计算方法获得两相流界面的比较，由此可以看出，隐式和显式相结合的计算方法获得的两相分布图更加清晰，两相的界面更加明显。

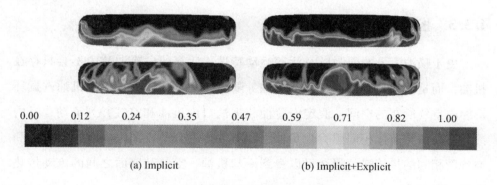

| 0.00 | 0.12 | 0.24 | 0.35 | 0.47 | 0.59 | 0.71 | 0.82 | 1.00 |

(a) Implicit　　　　　　　　　(b) Implicit+Explicit

图 4.6　两相流分布界面的对比

另外，除了对流项和黏性项，内冷油腔内两相流中存在较大的体积力（例如重力或表面张力），使得动量方程中的体积力和压力梯度项呈现平衡状态。由于压力梯度和体力的局部平衡，分离算法收敛不佳。本书计算时在 FLUENT 中选择开启隐式体力的处理方式，通过考虑动量方程中的压力梯度和体积力的部分平衡来提高解的收敛性。图 4.7 给出了使用隐式体积力和不使用隐式体积力时传热系数变化的对比图，图中曲线 1 代表开启隐式体积力，曲线 2 代表不开启隐式体积力。结果表明，使用隐式体积力可以有效减小计算结果的不稳定性。

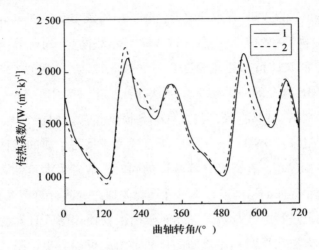

图 4.7　传热系数对比图

4.3.3　控制方程

由于喷油流量的限制以及活塞运动特性，活塞的内冷油腔内不会只存在机油，而是机油与空气同时独立存在。随着机油的喷入，一部分机油占据环形腔内空气所在的空间。假定内冷油腔进油口内机油和空气并列流动，且内冷油腔内两相流体相间阻力也足够大，不发生融合的现象，同时忽略机油和空气两相间的热传递。那么可以得到冷却机油、空气和壁面之间的流动传热控制方程如下。

组分方程

$$\frac{\partial \alpha_{\mathrm{oil}}}{\partial t} + u_i \frac{\partial \alpha_{\mathrm{oil}}}{\partial x_i} = 0 \tag{4.7}$$

连续性方程

$$\frac{\partial \rho u_i}{\partial x} + \frac{\partial \rho u_j}{\partial y} = 0 \tag{4.8}$$

动量方程

$$\frac{\partial}{\partial t}\rho u_i + \frac{\partial}{\partial x_i}\rho u_i u_j = -\frac{\partial p}{\partial x_i} + \frac{\partial}{\partial x_i}\mu\left(\frac{\partial u_i}{\partial x_i} + \frac{\partial u_i}{\partial x_j}\right) + \rho g_i + F_i \qquad (4.9)$$

在整个求解域中上面所示的单个动量方程，并且在相位之间共享所得到的速度场。由此可以看出，此动量方程取决于通过属性 ρ，μ 表达的所有阶段的体积分数。

能量方程

$$\frac{\partial}{\partial t}\rho E + \frac{\partial}{\partial x_i}u_i(\rho E + p) = \frac{\partial}{\partial x_i}k\frac{\partial T}{\partial x_i} \qquad (4.10)$$

上述控制方程式中，t 为时间；u 为速度；$i = x$，y，z；α 代表相的体积分数；ρ，μ 分别为流体的密度和动力黏性系数；g 为重力加速度；F_i 为体积力；ρ 和 μ 取决于每个控制单元中相的体积分数；E 和 T 以质量平均变量处理。

4.3.4　边界条件

内冷油腔内流体的振荡主要是活塞流体的惯性引起的，忽略横向运动对内冷油腔内流体的影响，计算中假设活塞往复运动只发生在垂直方向，流场和热应力场的稳态作为活塞往复运动的初始条件。

（1）入口采用速度入口边界条件

$$w = w_{in}, u = v = 0 \qquad (4.11)$$

$$T = T_{in} = 393\text{K} \qquad (4.12)$$

（2）出口采用压力出口边界条件

$$p = p_{atm} \qquad (4.13)$$

$$\frac{\partial T}{\partial n} = \frac{\partial k}{\partial n} = \frac{\partial \omega}{\partial n} = 0 \qquad (4.14)$$

（3）壁面边界条件

将内冷油腔进行分区，如图 4.8 所示。根据实际温度估算平均温度，设置内冷油腔每一区的壁面温度。计算时壁面采用无滑移边界条件。

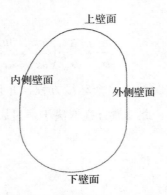

上壁面

内侧壁面

外侧壁面

下壁面

图 4.8　内冷油腔分区示意图

（4）表面张力边界条件

$$p_2 - p_1 = \sigma \left(\frac{1}{R_1} + \frac{1}{R_2} \right) \tag{4.15}$$

$$\boldsymbol{n} = \nabla \alpha_{\text{oil}} \Big/ | \nabla \alpha_{\text{oil}} | \tag{4.16}$$

$$\rho_k = \nabla \cdot \boldsymbol{n} \tag{4.17}$$

$$F = \sigma \, \frac{\rho \rho_k \cdot \nabla \alpha_{\text{oil}}}{\frac{1}{2}(\rho_{\text{oil}} + \rho_{\text{air}})} \tag{4.18}$$

式中：σ 为表面张力系数；R_1 和 R_2 为液体曲面在相互垂直的二曲面上的曲率半径；ρ_k 为法相平面曲率半径；ρ 为密度。

数值模拟的求解过程是利用边界条件求解守恒方程得到数值解。数值求解中，使用 Simple 算法，压力速度耦合采用 PISO 算法。为加速迭代过程收敛，计算开始先减小压力和动量的亚松弛因子，计算稳定后再适当增大。

4.3.5　数值模拟结果与试验结果的比较

对发动机转速为 600 r/min 时腰形内冷油腔内两相流流动过程进行数值模拟，并选取活塞运行过程中的关键位置（如上止点等）的流动形态（两相流分布）与可视化试验中的结果进行对比，对比结果如图 4.9 所示。

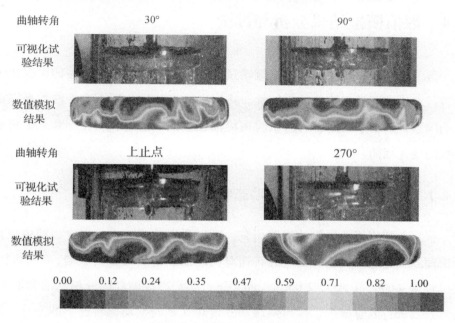

图 4.9 内冷油腔流动形态数值模拟与试验结果对比

由图 4.9 可以看出，数值模拟得到的内冷油腔流动形态与可视化试验的结果基本一致。当内冷油腔运动到下止点时，机油撞击内冷油腔底部，内冷油腔换向时，机油全部积聚在内冷油腔底部，呈现出明显的分层流流型，且此时内冷油腔出口流出的机油量变大；随着内冷油腔继续向上运动，机油在惯性作用下仍在内冷油腔底部集聚，接近 90°时，机油开始脱离内冷油腔底部，内冷油腔到达 90°时，两相流形成比较稳定的流动形态；内冷油腔继续向上运动，机油也跟着向上冲击壁面，当内冷油腔到达上止点换向时，机油在惯性作用下几乎全部集聚在内冷油腔顶部，且内冷油腔的出口几乎没有机油流出；内冷油腔继续下行，机油的加速度改变了方向，随之向下运动，当内冷油腔运动到 270°时，机油开始脱离上壁面，内冷油腔内两相流的流动形态随之发生改变，与 90°时的流动形态方向相反，呈现出波状流的形态。

通过对比表明了数值模拟计算结果与可视化试验的流动形态比较吻合，本书所采用的数值方法可以有效模拟内冷油腔内两相流的流动过程。

4.4 数值模拟结果分析与讨论

数值模拟内冷油腔内两相流流动过程，通过与第 3 章中所述的可视化试验进行对比验证模拟结果的有效性。然后进一步计算分析了内冷油腔换热的影响因素，给出了不同影响因素时内冷油腔机油覆盖率、填充率和对流传热系数的变化规律。

4.4.1 发动机转速对两相流动态特性的影响

根据两相流流动形态的试验研究，可以看出转速越大，内冷油腔内机油的振荡强度越高。为进一步研究转速对内冷油腔传热效率的影响，对不同发动机转速（600，1 500，2 000 r/min）下，腰形内冷油腔的液相机油覆盖率、传热系数进行数值模拟，探讨内冷油腔传热在不同发动机转速下的变化。图 4.10 给出了转速为 2 000 r/min、喷油温度 75 ℃、喷油压力 0.45 MPa，活塞在发动机中往复运动一个循环时，内冷油腔的面积覆盖率和不同部位表面传热系数随曲轴转角的变化规律。

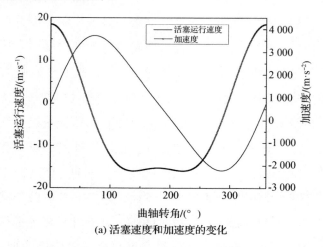

(a) 活塞速度和加速度的变化

图 4.10 不同曲轴转角下表面传热系数的变化规律

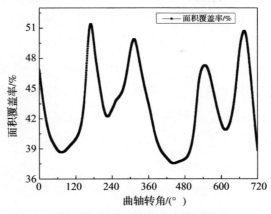

(b) 机油在内冷油腔内的面积覆盖率变化规律

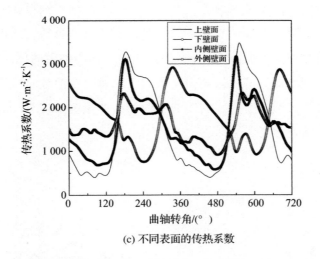

(c) 不同表面的传热系数

图 4.10　不同曲轴转角下表面传热系数的变化规律（续）

　　根据图 4.10 中内冷油腔的速度和加速度随曲轴转角的变化规律和机油在内冷油腔中的面积覆盖率变化曲线，对比内冷油腔不同部位表面传热系数随曲轴转角的变化规律可知，当内冷油腔位于下止点时，机油大部分覆盖在内冷油腔底部，此时内冷油腔底部的换热系数远远大于其他部位的换热系数；随着内冷油腔向上运动，机油开始脱离底部，内冷油腔底部的换热系数开始降低；内冷油腔向上运行到 120°曲轴转角时，在惯性作用下，机油向上冲刷内冷油腔整个内外壁面和部分顶面，其在内冷油腔的覆盖率迅速增加，到达上止点时达到最大。在上止点机油撞击并积聚内冷油腔顶面，使得内冷油腔顶面的换热系数达到最大。上止点换向后，机油在自身重力的作用下随之换向。随着内冷油腔继续下行，机油向下的速度增加，图 4.10 显示，当内冷油腔运动到 270°时机油完全脱离了内冷油腔顶面，与流动形态的试验研究和数值模拟一致。内冷油腔向下运行到 270°曲轴转角的位置时，内冷油腔的面积覆盖率再次增加到极值，然后，内冷油腔内外壁面的机油覆盖率开始降低，其换热系数随之降低。由于内冷油腔往复运动中，流体流动受到温度、压力等的影响，每个循环中机油面积覆盖率的变化规律并不完全相同。

图 4.11 给出了不同发动机转速下腰形内冷油腔内液相机油覆盖率和传热系数的变化规律。随发动机转速的增加，内冷油腔内机油覆盖率增加。根据内冷油腔转速和喷油速度的变化规律可知，随着发动机转速的增加，内冷油腔和喷油速度之间的差值增大，单位时间内进入内冷油腔的机油量随之减少，但是发动机转速增加，机油振荡强度增加，因而内冷油腔内机油覆盖率反而比较多。发动机转速较小时，内冷油腔内的机油振荡幅度小，对壁面的冲刷减少，降低了换热强度。

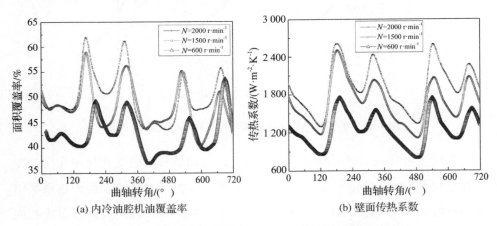

(a) 内冷油腔机油覆盖率　　　　　　(b) 壁面传热系数

图 4.11　不同的发动机转速下内冷油腔内液相机油覆盖率

图 4.11（b）显示，发动机转速增加，机油的换热系数明显增加。随着发动机转速增加，机油冲刷壁面的速度增加，增强了换热；而且发动机转速增加还使得机油冲向内冷油腔顶面和底面时的瞬间撞击速度增加，也起到增

强换热的作用。因此，发动机转速的增加，使得换热系数呈增加的趋势。从图中还可以看出，转速越低，换热系数随曲轴转角的变化幅度越小，说明转速对整个内冷油腔换热系数的大小分布有很大影响。

4.4.2　喷油压力对两相流动态特性的影响

喷射压力对机油覆盖率和传热系数的影响很小，如图 4.12 所示。但是，当喷油压力较高时，喷油油束的发散角增加，喷到进口时的回流随之增加。相同的运行工况下，随着喷射压力增大，喷嘴的喷射速度随之增大，内冷油腔与喷嘴喷射的相对速度逐渐增大。内冷油腔上行时，随着喷嘴与内冷油腔进口距离的增加，发散越大。于是在相同时间内，压力越高，喷入到内冷油腔内的机油量相对减少，因而机油机油覆盖率有所降低，如图 4.12（a）所示。

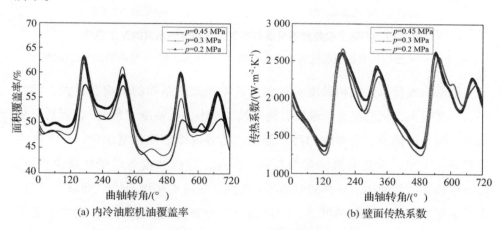

(a) 内冷油腔机油覆盖率　　　　　(b) 壁面传热系数

图 4.12　不同喷油压力下机油覆盖率和传热系数的变化规律

相同的运行工况下，随着喷射压力增大，喷嘴的喷射速度随之增大，内冷油腔与喷嘴喷射的相对速度逐渐增大，机油出油量增加，相应的内冷油腔的填充率也有所增加。而从图 4.12（b）可以看出，喷油压力对内冷油腔的传热系数影响很小。油腔内机油覆盖率过高时，液体在油腔内振荡强度减弱，使得传热系数减小，而不利于活塞的冷却。

4.4.3　喷油温度对两相流动态特性的影响

图 4.13 给出了不同机油黏度下内冷油腔壁面瞬时机油覆盖率和传热系数随曲轴转角的变化。

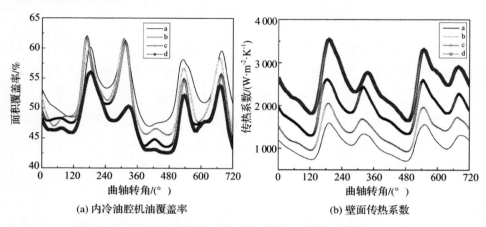

（a）内冷油腔机油覆盖率　　　　　　　　（b）壁面传热系数

图 4.13　不同液相黏度下机油面积覆盖率和传热系数的变化规律

a，b，c，d 分别代表机油温度为 110 ℃，85 ℃，75 ℃，65 ℃时机油的动力黏度。

结果曲线显示，液相黏度对机油覆盖率和传热系数的影响非常大。随着机油黏度减小，机油覆盖率增加。机油黏度越小，机油越"稀薄"，容易形成油膜、细小的油滴，分布在内冷油腔内，随着内冷油腔往复运动，更多的机油附着在壁面，少量的机油参与振荡。因此，与机油覆盖率变化规律相反，随着机油黏度的增加，更多的机油参与振荡，机油更多地变成"液塞"，以较高的速度冲击内冷油腔的壁面，内冷油腔的对流传热系数增大，机油带走的热量也越多。从传热系数的变化曲线也可以看出，随机油黏度减小，机油流动较慢，传热系数峰值有"后移"的趋势。

4.4.4　内冷油腔形状对两相流动态特性的影响

图 4.14 为不同内冷油腔特征直径下机油覆盖率和传热系数随曲轴转角的变化规律。可以看出，在一定范围内增大内冷油腔，使得机油覆盖率增加；且管径增大，机油在内冷油腔内湍流运动更加剧烈，机油不断地冲刷壁面，腔内轴向流和周向流的相互影响更加明显，液塞在剪切流的作用下不断变化，

增加了热量的传输，传热系数也随之增大。

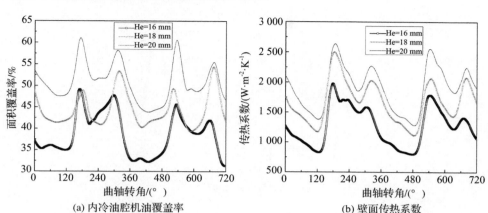

(a) 内冷油腔机油覆盖率　　　　　　(b) 壁面传热系数

图 4.14　不同内冷油腔特征直径下机油覆盖率和传热系数的变化规律

根据 3.4.4 节中的研究对象，采用相同的网格密度，设置相同的运行工况，对相同喷油条件下不同截面形状的内冷油腔内两相流流动和传热特性进行数值模拟。图 4.15 给出了不同截面形状时随曲轴转角变化时内冷油腔机油的分布规律和壁面传热系数的变化规律。通过面积覆盖率的对比可知，腰形和椭圆形的覆盖率比较一致，而水滴形的覆盖率与二者相比变化较大。由于水滴形的截面和二者相比，除了内冷油腔顶部壁面的变化，内外壁面的变化也比较大，导致机油流动过程中，其分布受到影响较大。尤其是上下止点时，受到内冷油腔局部结构大小的影响，不同截面形状冲刷的壁面位置变化较大，对不同壁面传热的影响也随之增加。结合试验研究可以看出，静态填充率相同时内冷油腔的形状对内冷油腔内两相流的流动有影响，但对其壁面覆盖率和整体传热效果的影响很小。对比各壁面的传热系数可知，内冷油腔在上下止点换向时，内冷油腔上壁面的传热系数受到形状的影响，变化规律有所不同，与机油在内冷油腔内壁面覆盖率的变化一致。内冷油腔下壁面的形状变化不大，因此其传热系数在不同曲轴转角的变化也基本一致。从内冷油腔内壁面和外壁面传热系数的变化规律可以明显看出不同形状内冷油腔内两相流流动形态的改变。由此也可以得出，内冷油腔两相流流动形态对内冷油腔的传热起到关键的作用。

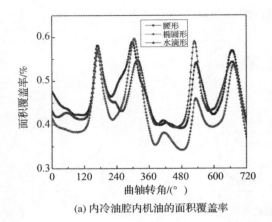

(a) 内冷油腔内机油的面积覆盖率

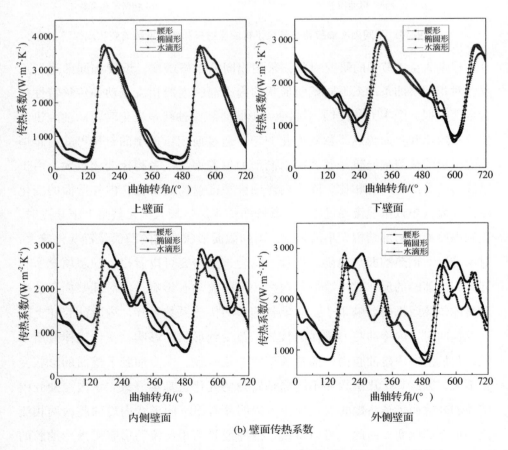

(b) 壁面传热系数

图 4.15　不同内冷油腔截面形状下机油覆盖率和传热系数的变化规律

4.4.5　内冷油腔设计参数对两相流动态特性的影响

4.4.5.1　进出油口对填充率和传热系数的影响

通过对内冷油腔设置不同的进出油口，改变进入和流出内冷油腔的流量，以改变内冷油腔内流体的振荡特性。根据给定的内燃机、活塞和内冷油腔相关参数，计算内冷油腔的填充率和传热系数，研究内冷油腔不同的进出油口截面积对内冷油腔填充率以及传热系数的影响。内冷油腔进出口示意图如图4.16 所示。

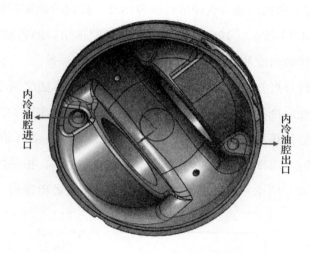

图 4.16　内冷油腔进出口示意图

假设喷嘴喷油压力不变，且任何时刻机油都能全部喷入内冷油腔进油口。固定出油口面积，根据带内冷油腔内燃机活塞的设计标准，内冷油腔进油口的面积应该等于或适当大于出油口的面积。进出口直径比值方案设置如表4.2 所示。其中，传热系数 1 代表采用 Evans And Hay 经验公式得到的传热系数，表中传热系数 2 代表采用 Kajiwara 经验公式得到的传热系数。计算结果显示，若出油口面积不变，无论进油口面积怎么改变也不会影响填充率。结果表明，当出口流量不变，内冷油腔的填充率由进口流量决定，进口面积对其没有影响，而且内冷油腔的传热系数也没有变化。

表4.2　不同的进出口截面积的内冷油腔

方　案	方案一	方案二	方案三	方案四	方案五
截面直径比	0.6	0.8	1.0	1.25	1.5
填充率/%	46.51	46.51	46.51	46.51	46.51
传热系数①/($kW \cdot m^{-2} \cdot K^{-1}$)	2.561	2.561	2.561	2.561	2.561
传热系数②/($kW \cdot m^{-2} \cdot K^{-1}$)	2.984	2.984	2.984	2.984	2.984
平均值/($kW \cdot m^{-2} \cdot K^{-1}$)	2.773	2.773	2.773	2.773	2.773

对同一个内燃机活塞模型，保持其他参数不变，固定进油口直径为5.6 mm，设置不同的出油口直径进行模拟计算，其内冷油腔的填充率和传热系数结果如图4.17所示。其中，横轴为内冷油腔进出口的直径的不同比值，左右纵轴分别代表内冷油腔的平均填充率和平均传热系数。

通过对比计算可知，随出口面积减小，流出的流体随之减少，使得同一曲轴转角时留在内冷油腔的流体增多，内冷油腔的填充率增大。随填充率的增加，内冷油腔传热系数先呈现增大趋势，从比值为1.0后开始呈下降趋势。当比值为1.0时，内冷油腔中的机油填充率在50%左右，振荡冷却传热效果最好，与以往研究结论一致，由此可知，当内冷油腔进出油口面积相同时的结果最佳。

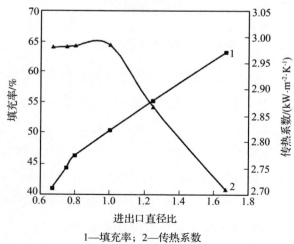

1—填充率；2—传热系数

图4.17　进出口的截面大小对换热的影响

选择同样的进出油口面积，同时改变进出油口的直径（变化范围为 5 ～ 10 mm）以改变其面积，其对比内冷油腔填充率和传热系数的结果如图 4.18 所示。其中，横轴为内冷油腔的进油口直径，单位是 mm，左右两边的纵轴分别代表内冷油腔的填充率和传热系数。

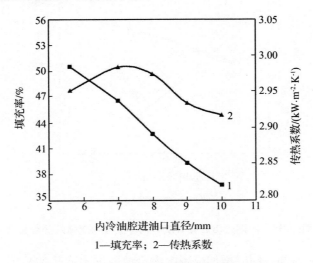

1—填充率；2—传热系数

图 4.18　相同的进出口截面积下对流动与换热的影响

由图 4.18 中曲线的趋势看出，同时减小内冷油腔进出油口的面积，使得留在内冷油腔内的流体增多，填充率增大。但当进出口面积过小时，内冷油腔内的流体太多会影响其振荡效果，使得冷却效果受到影响。计算结果显示，当进出口直径为 7 mm 时振荡效果最好，传热系数最大。

通过以上模拟计算结果可知，合理选择进出油口的面积，确保冷却油道中有 50% 左右的填充率（一般指体积填充率），可获得较好的振荡效果，从而得到较好的传热系数，达到更好冷却的目的。

4.4.5.2　内冷油腔进出油孔长度对填充率和传热系数的影响

通过改变内冷油腔进出油孔的长度，改变进入和流出内冷油腔流体的体积，以改变内冷油腔内流体的振荡特性。根据实际工程应用中活塞对称结构的设计，本章的模拟方案设为同时改变进出油孔长度来研究进出油孔长度对填充率和传热的影响。设定进出油孔长度范围为 8 ～ 12 mm，同时改变进出油孔的长度，设置几个不同的方案进行数值模拟，分析内冷油腔的进出油孔长度对填充率的影响，结果如图 4.19 所示。其中横轴为内冷油腔不同的进油孔长度，左右两边的纵轴分别代表内冷油腔的填充率和传热系数。

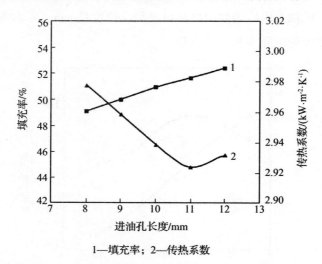

1—填充率；2—传热系数

图 4.19　不同进出油孔长度时内冷油腔内流体的流动特性

由图 4.19 可知，同时增加或减少内冷油腔进出油孔的长度，喷入内冷油腔内的流率不变，同一时间内冷油腔内的流体体积增大，内冷油腔的填充率则增大，而传热系数随之减小。由图中内冷油腔填充率变化曲线可知，内冷油腔进出油口的长度对填充率和传热系数影响较小，经对比可知，对于本书的研究对象，当长度为 8 mm 时，传热效果最佳。

4.4.5.3　喷嘴流量对填充率的影响

内冷油腔进出油口直径和进出油口长度相同，分别设为 7 mm，8 mm。通过不同的方法改变喷嘴流量，如改变喷嘴直径、喷嘴处的压力，从而改变内冷油腔的填充率，进而影响内冷油腔内流体的振荡特性。

通过改变喷嘴直径的大小（变化范围为 1.5 ~ 3.5 mm），改变喷嘴的流率，以改变进入和流出内冷油腔的流量，进而改变内冷油腔的填充率，同时影响内冷油腔内流体的振荡特性，设定喷嘴压力为 3 bar，模拟结果如图 4.20 所示。其中，横轴为喷嘴直径的大小，左右纵轴分别代表内冷油腔的填充率和传热系数、喷嘴流量。

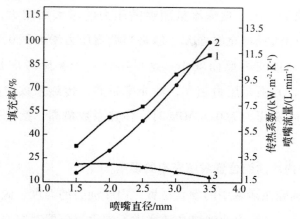

1—填充率；2—喷嘴流量；3—传热系数

图4.20 不同的喷嘴直径时内冷油腔内的流动特性

通过对比计算可知，随着喷嘴直径的增加，喷嘴的流率随之增加，内冷油腔的填充率也随之增大。当喷嘴直径为2 mm时，内冷油腔的填充率达到50%以上，而且此时传热系数最大，冷却效果最好。

设定喷嘴直径为2 mm，通过改变喷嘴压力的大小，改变喷嘴的流率，以改变进入和流出内冷油腔的流量，进而改变内冷油腔的填充率，同时影响内冷油腔内流体的振荡特性。计算结果如图4.21所示，横轴为喷嘴压力大小，左边的纵轴为内冷油腔的填充率，右边的纵轴为内冷油腔的喷嘴的流量和传热系数。

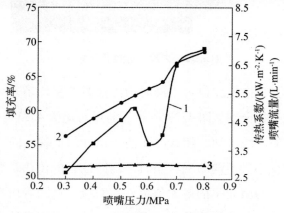

1—填充率；2—喷嘴流量；3—传热系数

图4.21 不同的喷嘴压力时内冷油腔内的流动特性

图 4.21 结果显示，喷嘴流量随喷嘴压力的增大而增大，而且喷嘴流量增大会使内冷油腔填充率增大。但是当喷嘴压力增大至 0.6 MPa 时，随喷嘴流量增加，填充率反而减小，这里出现一个突降考虑是回流量的影响。结果表明，并不是压力越大，填充率越高，传热系数越高。在本章参数的设定下，喷嘴压力为 0.6 MPa 时，传热系数最高，活塞获得的冷却效果最佳。

4.4.5.4 活塞内冷油腔位置对填充率的影响

改变内冷油腔在活塞中的垂直位置，内冷油腔的温度、应力以及疲劳强度都会随之改变。计算内冷油腔在活塞中不同垂直位置时内冷油腔的填充率和传热系数，分析内冷油腔的垂直位置对冷却效果的影响。内冷油腔位置的示意图如图 4.22 所示。

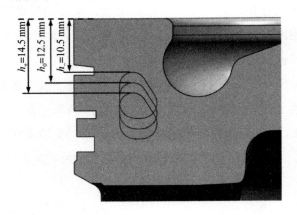

图 4.22　内冷油腔位置示意图

通过计算得到内冷油腔位置不同时内冷油腔的平均填充率和传热系数随曲轴转角的变化规律分别如图 4.23 所示。通过对比图 4.23（a）中的曲线和图 4.23（b）中的曲线可知，随着内冷油腔位置的上移，同一曲轴转角时内冷油腔的填充率减小。不同曲轴转角时，内冷油腔的传热系数在爆发压力工况附近达到最大，与填充率的最大值更好地对应；且随着内冷油腔位置的上移，同一曲轴转角时内冷油腔的传热系数增大，这是因为填充率的减少使得机油振荡更强烈，加强了换热。

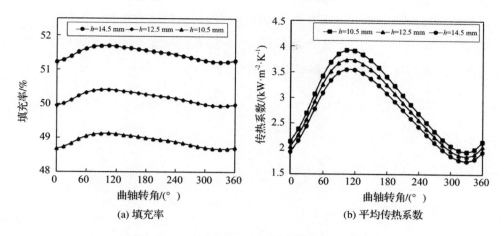

图 4.23 不同内冷油腔位置时填充率和平均传热系数随曲轴转角的变化规律

4.5 数值模拟的结论与展望

通过将数值模拟结果与试验结果进行对比，可以得出以下结论。

（1）数值模拟结果与试验数据比较吻合，表明数值模拟结果是有效的。通过数值模拟得出内冷油腔不同壁面的传热随曲轴转角的变化规律。对比发现，内冷油腔上下壁面的传热系数，随曲轴转角的变化规律正好相反；内冷油腔内外壁面的传热规律一致。

（2）通过对比不同发动机转速、喷油条件、不同内冷油腔结构下，内冷油腔内机油覆盖率和壁面传热系数随曲轴转角的变化规律，可以看出喷油温度通过改变机油的黏温特性，改变其在内冷油腔内的覆盖面积而改变传热特性；转速不同，机油在内冷油腔内的振荡强度随之改变，从而改变湍流强度而改变传热特性；内冷油腔大小、结构的改变，直接影响机油的多少和分布，从而影响换热效果。

（3）计算中没有考虑轴向平面中气液界面的变化，分析中将其假定为界面为水平面。实际上当发动机转速较低时，振荡特性不是特别明显，此时轴向平面的两相间呈现出的是不规则的界面。从模拟结果和试验结果的对比可以看出，水平界面的假设加大了模拟与实际数值的误差，所以在以后深入探讨流动形态的转变机理时，需要更加精准地确定轴向界面。

第 5 章　内冷油腔综合传热模型的建立

5.1　引言

  试验研究和数值计算是传热研究最常用的方法。试验研究和数值模拟各自有其适用范围，因此将试验研究和数值模拟融合到理论分析中，把试验研究、数值模拟和理论分析有机而协调地结合起来，是研究传热问题比较有效的方法。

  结合以上试验研究和数值模拟结果，建立对流换热准则关联式也是传热研究中的可行方式，其研究的关键问题在于主要影响因素的辨识和影响因子的拟合。本书主要考虑发动机转速、活塞内冷油腔结构、两相流的物理特性和局部流动特性对内冷油腔传热的影响。本章利用管内强制对流基础关联式，根据试验研究和数值模拟结果，在努塞尔数、普朗特和雷诺准则的基础上运用最小二乘法拟合出带有修正项的准则关联式，建立对流传热系数的预测模型。然后通过数值法对假设条件、忽略因素、非稳定性等进行影响程度分析，并通过有限元分析结合硬度塞测温试验对关联式计算得到的传热系数进行误差分析，确保计算方法、结果的准确性和适用性。

5.2　流体流动特性分析

5.2.1　强制对流基础关联式

  内冷油腔内的传热属于管内强制对流传热，采用最普遍的 Dittus – Boelter 关联式为基础关联式，对内冷油腔内的传热计算公式进行研究。关联式是以雷诺数 Re〔如式（5.3）所示〕和普朗特数 Pr〔如式（5.4）所示〕为变量的传热系数的无量纲形式。

$$Nu_\mathrm{f} = 0.023\,Re^{0.8}\,Pr^{0.4} \tag{5.1}$$

式（5.1）的试验验证范围为 $Re > 10\,000$，$0.7 < Pr < 120$，$x/D_e \geqslant 60$，x 为包括入口段在内的管道总长度，D_e 为当量直径。

通常情况下内冷油腔的截面不是正圆形截面。对于非圆形截面槽道，计算雷诺数时采用当量直径作为特征尺度，式（5.2）为当量直径的计算式。

$$D_e = \frac{4A_c}{P} \tag{5.2}$$

式中：A_c 为内冷油腔截面积；P 为湿周长，即内冷油腔截面上的周向长度。

$$Re = \frac{uD_e}{\upsilon} \tag{5.3}$$

$$Pr = \frac{\mu C_p}{k} \tag{5.4}$$

式中：u 为流体流动速度；υ 为流体的运动黏度系数，$\upsilon = \dfrac{\mu}{\rho}\ \mathrm{m^2/s}$；$C_p$ 为流体的等压比热容；k 为流体导热系数。

机油的动力黏度系数 μ 与温度 T 存在一定的关系，不同的温度对应不同的动力黏度系数，如图5.1所示。根据内冷油腔内流体的平均温度和机油运动黏度系数与动力黏度系数的关系，得到相应的运动黏度系数。

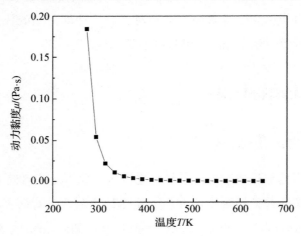

图5.1 不同温度下动力黏度的变化规律

5.2.2　流体流动沿程阻力特性分析

内冷油腔过流断面上靠近管壁处有一薄层流体称为黏性底层。黏性底层的厚度取决于流体流速的大小，流速越高，黏性底层越薄。黏性底层的厚薄影响管道表面的换热。

$$\delta = 32.8 \frac{D_e}{Re\sqrt{\lambda}} \tag{5.5}$$

式中：δ 为内冷油腔黏性底层厚度，m；D_e 为内冷油腔的特征直径，m；λ 为管内紊流运动沿程损失因数。

根据式（5.5），对不同缸径的内燃机活塞内冷油腔在不同发动机转速时的黏性底层厚度进行计算，结果如图 5.2 所示。

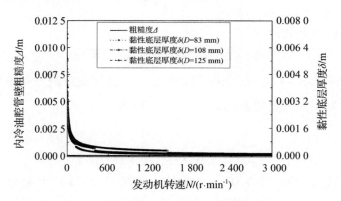

图 5.2　黏性底层厚度和管壁粗糙度随转速的变化规律

由此可知，发动机额定转速内，任意发动机转速时，内冷油腔黏性底层厚度都大于内冷油腔管壁的粗糙度 Δ（6.3×10^{-6} m）。因此，可以认为流体在光滑管中流动，忽略管壁的粗糙度带来的摩擦阻力对流动的影响，只考虑黏性底层厚度产生的沿程损失。随着发动机转速增大，雷诺数增大，黏性底层厚度减小，内冷油腔内的流体受到黏性底层影响增大，使得流体流动过程中产生更大的沿程损失。而且相同发动机转速，随缸径增加，内冷油腔增大，黏性底层厚度减小，对传热的影响也越大。

无论是层流运动还是紊流运动，管内沿程损失因数和压强差的关系都可以通过式（5.6）来表达。根据对圆管所进行的大量试验得出的流态判别经验值，判断内冷油腔内流体的流态。若小于 2 320，则内冷油腔内的流体流动为层流；若大于 13 800，则内冷油腔内的流体流动为紊流；若在二者之间，则称为不稳定的过渡状态。研究中，不稳定的过渡状态按紊流处理。根据尼古拉兹图可知，紊流光滑管区的沿程损失因数计算分别如式（5.7），（5.8）。

$$\Delta p = \lambda \, \frac{l}{d} \, \frac{\rho u^2}{2} \qquad (5.6)$$

式中：λ 为沿程损失因数；l 为内冷油腔的长度，m；ρ 为流体的密度，kg/m³。

当 $2\,320 < Re < 10^5$ 时

$$\lambda_1 = \frac{0.316\,4}{Re^{0.25}} \qquad (5.7)$$

当 $10^5 < Re < 3 \times 10^6$ 时

$$\lambda_2 = 0.003\,2 + 0.221\,Re^{(-0.237)} \qquad (5.8)$$

根据 Reynolds – Colburn 分析[48]结果显示，流体流动阻力和传热系数之间存在紧密的联系，其物理表达如式（5.9）所示。

$$\frac{Nu}{Re\,Pr^{\frac{1}{3}}} = \frac{\lambda}{8} \qquad (5.9)$$

因此，式（5.9）结合 Dittus – Boelter 关联式（5.1）中无量纲传热系数和雷诺数的关系，可以得到流体流动阻力与雷诺数之间的关系式（5.10），引入阻力雷诺数 Re_λ。

$$Re_\lambda = \frac{Nu}{Nu_f} = \frac{\lambda}{0.184} Re^{0.2} \cdot Pr^{(-\frac{1}{15})} \qquad (5.10)$$

5.2.3 流体速度特性分析

利用发动机运行参数和流体物理特性参数，对不同缸径的内燃机活塞在不同发动机转速时内冷油腔内流体的雷诺数［式（5.3）］和普朗特数［式（5.4）］进行计算。发动机运行参数如表 5.1 所示。

表5.1   发动机运行参数

项目名称	参　　数		
缸径/m	$D = 83$	$D = 108$	$D = 125$
行程/mm	90	125	150
转速/(r · min^{-1})	0 ~ 3 000	0 ~ 3 000	0 ~ 3 000
连杆长度/mm	147	216	247

对比图 5.3 中发动机转速随曲轴转角的变化规律和模拟计算所得油腔内机油随活塞往复运动的速度,可以看出,机油随活塞往复运动时的速度与实际活塞的速度并不完全相同,受惯性力和活塞二阶运动的影响,机油的最大速度相比活塞的最大速度点有明显的"后移"。但其最大值和平均值没有变化,因此研究中采用平均速度。

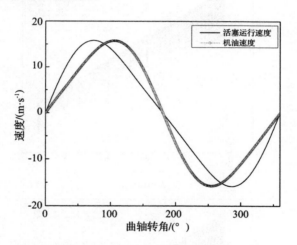

图5.3   活塞运行速度和机油速度关系图

不同的发动机转速和流体的运动黏度系数使得内冷油腔内流体的速度分布有所不同,进而影响雷诺数和普朗特数的大小。不同发动机转速下,不同温度时雷诺数、普朗特数的变化规律如图 5.4 所示,其中横轴坐标代表 $\ln Pr$,纵轴坐标代表 $\ln Re$,N 为发动机转速,r/min。根据文献 [47] 的论述,管内充分发展流的 Dittus – Boelter 关联式如式(5.11)所示。

$$Nu_{\mathrm{f}} = 0.023\, Re^{0.8} Pr^{\frac{1}{3}} \qquad (5.11)$$

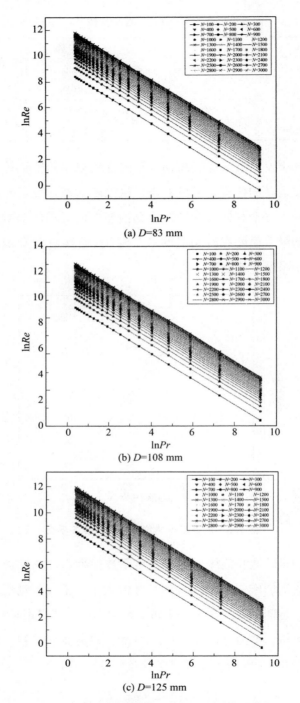

(a) *D*=83 mm

(b) *D*=108 mm

(c) *D*=125 mm

图 5.4　不同转速时雷诺数与普朗特数的关系

由此可以看出，特定发动机转速下，雷诺数和普朗特数乘积的自然对数值 a 是常数，研究中定义 a 为雷诺-普朗特系数。且随着发动机转速的增加，a 随之增加，将不同转速下的 a 值拟合，可以得到不同发动机转速下 a 值的变化规律，如图 5.5 所示。

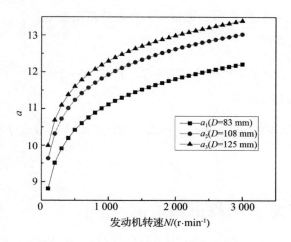

图5.5 不同缸径下 a 值随发动机转速变化的规律

对比不同缸径下 a 值的变化发现，随着缸径增加，a 值也增大。拟合图 5.5 曲线中的数值，可以得到雷诺数和普朗特数乘积的自然对数值 a 的表达式如式（5.12）~式（5.14）所示：

缸径为 83 mm

$$a_1 = \ln N + 4.205\ 3 \tag{5.12}$$

缸径为 108 mm

$$a_2 = \ln N + 5.019\ 5 \tag{5.13}$$

缸径为 125 mm

$$a_3 = \ln N + 5.389\ 1 \tag{5.14}$$

因此，综合以上分析，得到发动机转速和内冷油腔内流体流动的关系，引入转速对雷诺数影响的参数 Re_N，其物理表达式如式（5.15）所示。

$$Re_N = \mathrm{e}^{\frac{a}{15}} Re^{-\frac{1}{15}} \tag{5.15}$$

综上所述，不同缸径的内燃机活塞内冷油腔在不同的发动机转速时受到的沿程阻力不同，根据雷诺数、粗糙度和尼古拉兹图的关系可确定特定发动机转速时流体流动的沿程损失因数，进而得到流动阻力对流体传热系数的影响。而且，在不同发动机转速下，不同缸径的活塞内冷油腔流体的雷诺数和普朗特数之间的关系对流体传热系数也产生一定的影响，综合以上分析可以得到式（5.16）、（5.17）所示无量纲传热系数预测模型：

当 $2\,320 < Re < 10^5$ 时

$$Nu = 0.023\,Re^{0.8}Pr^{0.4}(Re_N \cdot Re_{\lambda_1}) = 0.039\,5e^{\frac{a}{15}}Re^{0.683}Pr^{0.33} \qquad (5.16)$$

当 $10^5 < Re < 3 \times 10^6$ 时

$$Nu = 0.023\,Re^{0.8}Pr^{0.4}(Re_N \cdot Re_{\lambda_2}) = e^{\frac{a}{15}}(0.000\,4\,Re^{0.733} + 0.027\,6\,Re^{0.696})Pr^{0.33}$$

$$(5.17)$$

5.3 传热关联式的修正和建立

对于非圆形内冷油腔内两相流体的传热计算，为了得到较高的计算精度，考虑到内冷油腔结构及腔内流体性质的复杂性，需要进一步考虑以下条件对以上关联式做进一步的修正，最后得到内冷油腔传热系数的计算模型。

5.3.1 两相流物性的影响

根据内冷油腔内流体的平均温度对机油动力黏度系数的影响不同，不同发动机转速下，机油的黏度所引起的摩擦热阻也会发生变化，摩擦热阻大小影响了内冷油腔内流体的振荡特性和流动形态，进而影响内冷油腔的换热特性。根据 Seider 和 Tate 对黏度引起的摩擦热阻的研究[149]，通过对流体主流区内流体平均温度黏度和管壁温度时的黏度梯度的分析，这一影响可以引入机油在湍流状态时的指数为 0.14，如式（5.18）所示。

$$c_{oil} = \left(\frac{\mu_f}{\mu_w}\right)^{0.14} \qquad (5.18)$$

式中：c_{oil} 为机油的温差修正系数；μ 为动力黏度，Pa·s；下标 f，w 分别表示

以流体平均温度及壁面温度来计算流体的动力黏度。

根据管槽内气体加热后对换热的影响，传热学中给出了气体的温差修正系数，如式（5.19）所示。其中，流体平均温度及内冷油腔壁面温度是结合硬度塞试验、有限元分析和工程经验来预测的。

$$c_g = \left(\frac{T_f}{T_w}\right)^{0.5} \tag{5.19}$$

式中：c_g 为气相温差修正系数；T 为热力学温度，K；下标 f，w 分别表示流体平均温度及壁面温度。

内冷油腔内为气液两相流，且两相间是相互独立的。由于机油和空气被加热时的变化是不同的，所以空气和机油混合两相流的情况下需要引入式（5.20）所示的两相温差修正系数的乘积。

$$C_t = c_g \cdot c_{oil} = \left(\frac{T_f}{T_w}\right)^{0.5} \cdot \left(\frac{\eta_f}{\eta_w}\right)^{0.14} \tag{5.20}$$

式中，C_t 为两相温差修正系数。

5.3.2　入口局部损失修正

无论是开式还是闭式内冷油腔，冷却油通过固定喷嘴喷入垂直部分，然后分别向两侧腔体流向出口。由于活塞的往复运动和机油自身的加速度，冷却油从垂直部分进入横向腔体时会产生局部损失。实际工程中的各种局部阻力损失因数已经有试验测定。本章中内冷油腔垂直进油道与环形油腔进口之间产生损失的计算可以参考圆角弯管产生局部损失时的因数修正式，且对于内冷油腔而言，其圆角为 90°，因此环形腔入口局部损失修正如式（5.21）所示。

$$C_i = \frac{1}{2}\left(0.131 + 0.163\left(\frac{d}{\rho_k}\right)^{3.5}\right) \tag{5.21}$$

式中：C_i 为圆角弯管局部损失因子；d 为内冷油腔垂直进油部分进油口直径；ρ_k 为内冷油腔进油道与周向内冷油腔连接处的曲率半径。

综合以上因素的影响，得出不同的发动机转速范围，不同缸径内燃机活塞非圆形截面的内冷油腔无量纲传热系数计算关联式如式（5.22），（5.23）所示。另外，结合试验研究和数值模拟结果还可以得知，内冷油腔往复运动时，不同曲轴转角时的传热系数可以在关联式（5.22），（5.23）的基础上乘以机油在内冷油腔内的壁面覆盖率。

当 $2\,320 < Re < 10^5$ 时

$$Nu = 0.039\,5\mathrm{e}^{\frac{a}{15}}Re^{0.683}Pr^{0.33}C_\mathrm{t}C_\mathrm{i} \qquad (5.22)$$

当 $10^5 < Re < 3 \times 10^6$ 时

$$Nu = \mathrm{e}^{\frac{a}{15}}(0.000\,4Re^{0.733} + 0.027\,6Re^{0.696})Pr^{0.33}C_\mathrm{t}C_\mathrm{i} \qquad (5.23)$$

5.4 传热系数的数值分析

5.4.1 传热关联式预测计算

对发动机转速为 600~3 000 r/min 的工况下，以 83 mm 缸径的内燃机活塞为例，内冷油腔内流体的平均温度为 391 K，导热系数 k 为 0.68 W/(m · K)。根据式（5.2）计算得到内冷油腔的当量直径为 7.66 mm。通过计算可知，雷诺数的范围为 41 952~334 465，普朗特数为 9.12。

根据流体的平均温度 $T_\mathrm{f} = 391$ K 以及内冷油腔壁面的温度 $T_\mathrm{w} = 529$ K 可以得到流体的动力黏度，因此由式（5.18）可以得到温差修正系数：

$$C_\mathrm{t} = \left(\frac{T_\mathrm{f}}{T_\mathrm{w}}\right)^{0.5}\left(\frac{\eta_\mathrm{f}}{\eta_\mathrm{w}}\right)^{0.14} = 1.055$$

根据内冷油腔进油道进口的参数以及式（5.19）计算出内冷油腔入口处的修正系数。

$$C_\mathrm{i} = \frac{1}{2}\left(0.131 + 0.163\left(\frac{d}{\rho_\mathrm{k}}\right)^{3.5}\right) = 0.066$$

通过以上计算，根据式（5.20）给出的紊流传热系数计算模型，得到不同发动机转速下内冷油腔内对流传热系数如表5.2所示。

表 5.2　不同转速下对流传热系数的计算值

参数	结　果						
转速/(r·min⁻¹)	600	800	1 000	1 500	2 000	2 500	3 000
传热系数 H/(W·m⁻²·K⁻¹)	1 482	1 845	2 167	2 438	3 050	3 613	4 151

5.4.2　关联式计算结果与数值模拟结果的对比

建立动网格计算模型，采用第 4 章中的两相流模型、湍流模型、边界条件，利用数值法模拟流场的传热过程与推导分析对比，对假设条件、忽略因素、非稳定性等进行影响程度分析探讨，将关联式计算结果与数值模拟结果进行对比，对比关联式计算结果和数值模拟的结果差，并对其进行分析。

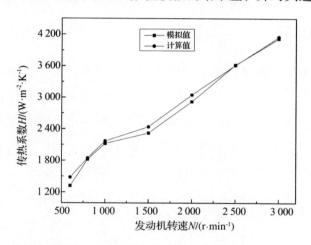

图 5.6　传热系数模拟值与计算值的对比

图 5.6 给出了不同缸径，不同转速下内冷油腔的平均传热系数模拟值与关联式计算值的对比图。通过对比可以看出，除了怠速时误差较大，关联式计算值与数值模拟结果一致，随发动机转速的增大，发动机传热系数随之增大，且与文献［55］中的变化趋势一样。结果显示，使用关联式得到的计算值比数值模拟得到的数值传热系数的平均值稍高。由于模拟计算中没有考虑轴向平面中气液界面的变化，忽略了气液两相流交替振荡带走的热量，因此数值模拟结果偏低。

5.5 传热系数的试验验证分析

以缸径为 83 mm，转速为 2 000 r/min 时的运行工况为例，通过硬度塞试验测量活塞表面温度与采用关联式得到的传热系数作为热边界条件的有限元分析结果进行对比，在此基础上对准则关联式计算结果的准确性和适用性进行间接的探讨和分析。研究油腔内冷却液的传热需要以壁面温度为热边界条件，而壁面温度分布需要从活塞温度场中得出。硬度塞测温试验是目前广泛应用的温度测量方法，选择带内冷油腔镶圈活塞作为试验件，测温过程主要包括：标定曲线、布点、安装、运行和温度评估。

5.5.1 试验原理

利用硬度塞试验测量活塞上的单点温度，其原理是某些金属经过淬火之后的硬度会随着回火温度的升高而下降，硬度的损失量取决于它所承受的最高温度和在此温度下的延续时间，如果延续时间一定，则可建立温度与硬度的关系曲线，然后测量材料硬度的变化，最终合理估算出所受到的外部温度。该测试方式得到的是特定工况下的最高温度，其精度一般能达到 ±10 ℃。

5.5.2 试验材料

根据活塞测温需求，硬度塞材料要有良好的淬透性，淬火后的硬度应大于或等于 65 HRC。材料回火温度和硬度变化的关系最好成线性关系或近似线性关系。另外，材料的金相显微组织和化学成分要均匀。轴承钢和高碳钢都符合作为硬度塞材料的要求。本书试验中使用的硬度塞为 GCr15，它是一种轴承钢，含碳量 0.95% ~ 1.05%，具体成分见表 5.3。

表 5.3　硬度塞成分

成分	碳	硅	铬	磷	硫
含量/%	0.95 ~ 1.05	0.20 ~ 0.40	1.3 ~ 1.65	≤0.06	≤0.03

5.5.3 曲线标定

硬度塞的 HV – T 的曲线标定是温度场测试的基础，曲线标定的精度直接决定着温度测试的准确与否。曲线标定时回火温度一般是在 100 ~ 400 ℃ 范围内，每隔 15 ℃ 测试一次，每次将 6 只硬度塞放在干井炉中进行 2 h 的恒温回火，回火完成后在室温下自然冷却，然后使用电子显微硬度计 FM – 700（如图 5.7 所示）测试回火后硬度塞的维氏硬度值，最后根据不同的回火温度对应的硬度值作出 HV – T 标定曲线。

图 5.7 电子显微硬度计

5.5.4 测点的布置

本章的研究采用硬度塞法分别对缸径为 83 mm 无内冷油腔活塞和带内冷油腔活塞进行硬度塞测温试验。试验使用的活塞在关注的位置布点，主要测量活塞头部的温度，两种结构活塞关注位置相同，设置相同位置的测量点，测量布点如图 5.8 所示。

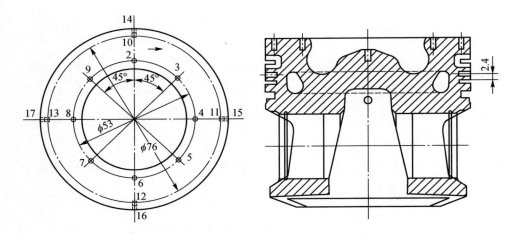

图 5.8　测点分布图

5.5.5　运行和温度评估

将处理过的硬度塞按照图 5.8 的位置安装，然后将活塞装入发动机中，磨合 1 h 后进入发动机转速为 2 000 r/min 的工况运行 2 h，运行记录如表 5.4 所示。

表 5.4　发动机运行记录表

序号	转速 /(r·min⁻¹)	扭矩 /(N·m)	功率 /(kW)	出水温度 /(℃)	进水温度 /(℃)	中冷后进气温度/(℃)	中冷前温度 /(℃)	油底壳油温 /(℃)	曲轴箱压力 /(kPa)	总排压 /(kPa)
1	1 991	210.4	87.9	85.4	78.8	45.3	125.9	112.4	1.5	25.7
2	2 008	210.3	88.3	84	77.2	44.6	127.5	119.7	1.5	25.9
3	1 998	209.5	87.7	84.7	77.8	44.8	127.5	120.1	1.4	25.7
4	1 991	209.7	87.6	82.6	75.7	44	127.7	120.5	1.3	25.7
5	1 993	210.2	87.8	82.5	75.2	45.8	128.1	120.3	1.5	25.8
6	1 992	210.4	88.0	85	78.1	45.9	128.1	120.6	1.4	25.6
7	1 988	210.6	88.0	84.7	77.7	44.9	128.4	120.4	1.4	25.3
8	1 998	209.7	87.6	84.5	77.5	44.2	128.9	120.5	1.4	25.3
9	2 009	210.2	88.3	84.2	77.4	44.9	128.9	120.4	1.3	25.3

续表

序号	转速 /(r· min⁻¹)	扭矩 /(N·m)	功率 /(kW)	出水温度 /(℃)	进水温度 /(℃)	中冷后进气温度/(℃)	中冷前温度 /(℃)	油底壳油温 /(℃)	曲轴箱压力 /(kPa)	总排压 /(kPa)
10	2 015	209.3	88.0	82.9	75.6	45.6	128.7	120.4	1.3	25.6
11	1 994	210.9	88.3	84.6	77	45	129.2	120.4	1.3	25.6
12	2 000	211.1	88.5	84.7	77.6	45	129.3	120.2	1.4	25.6
13	1 993	211.0	88.3	84.5	76.9	45.1	129.4	120.2	1.3	25.7

　　停机后取出硬度塞，测出其硬度值，对照 HV - T 标准曲线获得活塞相应位置的温度值，发动机各缸活塞温度分布分别如图 5.9 （a） 和 5.9 （b） 所示，硬度塞底部温度是活塞测温点表面深度 2.5 mm 处温度。根据各缸活塞温度的测试结果可以得到该发动机活塞表面的平均温度。

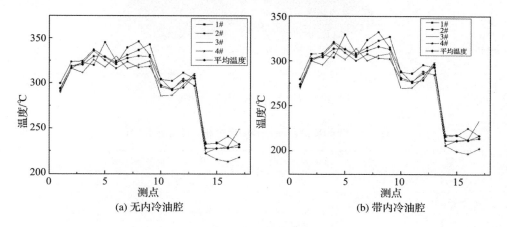

(a) 无内冷油腔　　　　　　　　　　(b) 带内冷油腔

图 5.9　活塞表面温度

　　对试验中的无内冷油腔的活塞进行有限元模拟计算。根据活塞硬度塞测温试验测出的活塞表面平均温度，调节边界条件，使得计算得出的温度场与试验测得的温度场在允许的误差范围内。图 5.10 给出了有限元模拟计算得到的活塞头部温度分布。

　　对比试验结果和有限元计算主要测点处结果，由表 5.5 可以看出，绝对误差都在 5% 以内，计算精度可达到工程应用的标准。

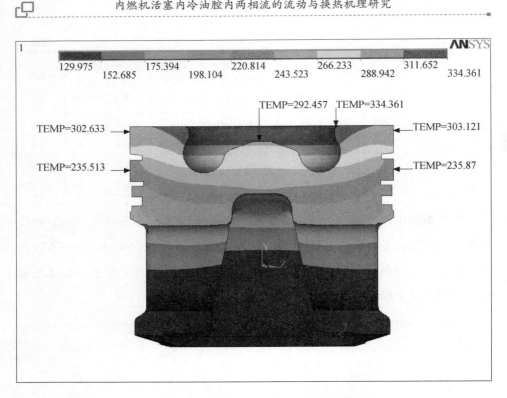

图 5.10　有限元分析活塞头部温度分布

表 5.5　无内冷油腔活塞有限元分析与试验结果对比

位置	测点	实测温度值/℃	计算温度值/℃	温度差值/℃	相对误差/%
燃烧室	1	293	292	−1	0.34
燃烧室喉口	8	330	334	4	1.2
火力岸	13	305	302	−3	0.98
二环岸	17	232	235	3	1.3

　　对同一型号活塞，采用内冷油腔结构，进行有限元模拟计算，并对相同测点进行硬度塞试验。有限元计算时，边界条件设置不变，内冷油腔分别采用上一节预测模型计算得到的传热系数和模拟计算得到的结果。表 5.6 给出了采用内冷油腔结构活塞有限元分析和硬度塞试验测得的测点温度值。结果显示，其绝对误差都在允许的范围内。另外，采用上一节预测模型计算得到的传热系数得到的温度值比模拟计算得到的传热系数得到的温度值偏高，使

用预测模型计算得到的传热系数更适合用于工程预测。由此可知，预测模型可以有效地预测内冷油腔的对流传热系数，为内冷油腔的设计提供一定的理论依据。

表 5.6　内冷油腔活塞有限元分析与试验结果对比

位置	测点	实测温度值/℃	计算温度值/℃	温度差值/℃	相对误差/%
燃烧室	1	273	273	0	0
燃烧室喉口	8	316	319	3	0.95
火力岸	13	293	290	−3	1.0
二环岸	17	217	220	3	1.4

5.6　本章小结

本章主要利用无量纲基础关联式，考虑活塞内冷油腔结构、两相流的物理特性和局部流动特性对传热系数的影响，分析不同缸径活塞在不同发动机转速时内冷油腔内流体的流动特性，建立对流传热系数的预测模型，并将其与模拟结果进行对比验证，得出以下结论。

（1）对于内燃机活塞内冷油腔，发动机额定转速内，随着发动机转速的提高，内冷油腔内流体的黏性底层厚度减小。而且不同缸径的活塞，在任意发动机转速下，内冷油腔黏性底层厚度都大于内冷油腔管壁的粗糙度。相同发动机转速，随缸径增加，黏性底层厚度减小，对传热的影响也越大。

（2）雷诺数和普朗特数乘积的自然对数值随发动机转速的增加而增大，且同一发动机转速时，随着内燃机活塞缸径增加，内冷油腔内流体的雷诺数和普朗特数乘积的自然对数值随之增大。

（3）内冷油腔传热系数预测模型可以有效预测不同发动机转速、不同缸径、不同机油温度时活塞内冷油腔内流体的对流传热系数，为活塞内冷油腔的设计提供理论基础。

第6章 内冷油腔的换热特性对
活塞可靠性的影响

随着柴油机的平均有效压力越来越大，活塞承受的热负荷越来越高，内冷油腔已成为现代柴油机活塞上不可分割和不可缺少的一部分。活塞作为内燃机的心脏，直接与高温高压燃气相接触，承受着较高热负荷和机械负荷，而且又在润滑条件相对较差的缸套内进行高速往复运动。每一工作循环中，活塞受到燃气压力、摩擦力和惯性力作用，此外，还会因缸套变形、间隙等因素导致活塞除了在环槽上下运动外，还会发生绕活塞销的转动和横向运动。国内外学者对其展开相关的研究并取得了一定的成果[150-155]。研究显示，活塞温度场的变化对活塞的运动有很大的影响[156]。活塞工作时其各部位温度应该有一个限值，温度过高会使热应力、热变形过大，进而影响活塞的二阶运动。因此，内冷油腔冷却对发动机的可靠性以及安全性等都有着非常重要的意义。

本章通过建立活塞组件模型，结合硬度塞试验，利用有限元分析软件、疲劳分析软件和动力学分析软件，数值模拟内冷油腔对活塞热负荷的影响，分析探讨了内冷油腔结构对活塞热负荷的影响，内冷油腔使用对活塞二阶运动的影响，以及新结构活塞——镶圈内冷一体结构对活塞热负荷的影响。

6.1 活塞载荷

活塞工作时，机械载荷由气体压力和惯性力引起，而热载荷则由热变形引起。换句话说，我们将由气体压力和惯性力引起的载荷定义为机械载荷，由热变形引起的载荷定义为热载荷。通常，活塞的高周疲劳与机械疲劳强度相关，而低周疲劳与热机械疲劳强度相关。

6.1.1　活塞的热载荷

由温度引起的载荷为热载荷。活塞的热载荷及温度结构共同对活塞产生影响，包括热变形、热应力以及材料强度等。

活塞工作时要与燃气、润滑油膜、冷却油以及缸壁、活塞销等进行换热，因此在工作过程中产生了温度梯度和热负荷。根据活塞的工作特点，其温度场计算采用第三类边界条件：

$$-\lambda_{\mathrm{m}}\left(\frac{\partial T}{\partial n}\right)=\alpha(T_{\mathrm{w}}-T_{\mathrm{f}})$$

其中，λ_{m} 为活塞的导热系数；α 为换热系数；T_{w} 为活塞温度；T_{f} 为周围介质温度。

柴油机：平均燃速低，过量空气系数高，燃烧所能达到的最高温度低，因此其缸内平均温度低，但活塞在工作时由于缸内压力波动大，湍流强，再加上 20% 左右的辐射换热，使得燃气与活塞的换热系数较高。对于活塞本身来说，其体积较大，壁厚较厚，燃烧室较复杂，从而造成散热困难。综合以上因素，柴油机活塞顶部所达到的最高温度较高（铝活塞约 360 ℃），活塞所承受的热负荷较大。

汽油机：平均燃速高，过量空气系数接近 1，燃烧所能达到的最高温度高，因此其缸内平均温度高，但活塞在工作时由于缸内压力波动小，湍流弱，几乎没有辐射换热，使得燃气与活塞的换热系数较低。对于活塞本身来说，其体积较小，壁厚较薄，燃烧室结构简单，因此其散热容易。综合以上因素，汽油机活塞顶部所达到的最高温度较低（铝活塞约 300 ℃），活塞所承受的热负荷较小。

气体机：气体机的燃烧类似于汽油机，但甲烷等气体不易形成积炭，另外也不存在室壁激冷、蒸发吸热等问题。气体机活塞所达到的最高温度介于汽油机和柴油机之间（铝活塞约为 330 ℃）。

在活塞工作时，大多数的热量是通过热流传到活塞的，但随着积炭等的增加，辐射所吸收的热量也会越来越多。

有资料提出，活塞顶瞬时放热系数可采用 Eickelberg 公式计算：

$$\alpha_g = 7.8 \sqrt[3]{C_m} \sqrt{p_g T_g} \tag{6.1}$$

其中，C_m 为活塞平均速度（w/m²K）；p_g 为气体瞬时压力，MPa；T_g 为气体瞬时温度，K。

则燃气对活塞顶部的平均放热系数和燃气平均温度分别为

$$\alpha_{gm} = \int_{0°}^{720°} \frac{\alpha_g \mathrm{d}\theta}{720} \tag{6.2}$$

$$T_{gm} = \frac{\frac{1}{720}\int_{0°}^{720°}(\alpha_g T_g)\mathrm{d}\theta}{\alpha_{gm}} - 273 \tag{6.3}$$

活塞与其他介质的换热主要是散热。活塞与缸壁、活塞销间通常存在润滑油膜，此处的热交换主要是在固-液间发生。但若油膜遭到破坏，活塞外圆与缸壁或销孔与销直接接触时，则热量在固体间传递。另外对于带有较深面窗的活塞，当活塞上设置了回油盲孔时，会有润滑油流经面窗，此时同时存在固-液和固-气换热，若无回油盲孔，则此处主要是活塞与气体间的传热。

内腔中无喷油冷却时，内腔壁与空气换热，但此时实际有油雾存在，从下至上可认为有 0.2～0.5 kW/(m²·K) 的换热系数。

以上换热为自然传热，当需要强制冷却时，则形成活塞与冷却剂间的换热，此时换热系数通常很大。

内腔喷油冷却时，油束射向内腔壁，撞击后向四外分散，流经壁面，此处的换热有不定性，固－液和固－气传热交替存在。

内冷油腔中冷却油通常不充满整个油道，还有一部分空气存在，油道中的流动属于两相流，进而在其与活塞壁接触位置形成固－液和固－气的热交换。

6.1.2　活塞的耦合载荷

活塞在实际工作时会同时受到热载荷和机械载荷的作用，因此分析时需要进行热机耦合分析，以得到综合变形、综合应力等分布结果。气体压力、惯性力引起了活塞的机械载荷，进而形成了侧向力及连杆反力。

分析活塞的机械载荷时，可选取特殊位置，如上下止点处活塞的惯性力达到极值（上止点处销座下部承受着最大惯性力，可据此分析此处的强度），另外还有最大缸压、最大侧向力等位置。

（1）机械载荷下活塞的变形。

燃气作用下活塞销轴方向活塞顶中心凹陷，活塞销两端向下弯曲，活塞底向两侧扩张；推力轴方向活塞顶中心凸起，活塞销发生椭圆变形，两侧裙部底端向内收缩。

（2）机械载荷下活塞的应力。

由于机械负荷的作用，活塞顶部产生动态弯曲应力，沿销轴方向喉口处为拉应力，沿推力轴方向为压应力，销座承受拉压及弯曲应力，环岸承受弯曲及剪切应力，而支撑区域以及支撑区到活塞顶的过渡区则承受压应力。

（3）活塞的热－机耦合载荷。

在实际分析活塞时，对于所有机械载荷，都应叠加上稳态的温度载荷，以便能正确计算出应力，此时得到的结果便是热－机耦合载荷。

目前，主要执行的热－机耦合工况有最大爆压工况和最大侧向力工况，这些工况目前采用的是额定转速条件，但是在拥有示功图等详细信息的情况下，应该使用最大扭矩转速条件。在有特殊要求时也分析惯性力工况，另外，还可以进行空载工况和超载、超速工况等的分析。

6.1.3 疲劳分析

活塞工作时燃烧室喉口、裙部、销孔等部位经常发生开裂等失效现象，而这些失效现象很多是由疲劳引起的。

疲劳分高周疲劳和低周疲劳，其中高周疲劳是材料在低于其屈服强度的循环应力作用下，经 $10^4 \sim 10^5$ 次以上循环次数而产生的疲劳（裂纹），对于活塞来说，高周疲劳通常是由机械应力引起的。而对于低周疲劳，则零件在 $10^3 \sim 10^4$ 次应力循环作用下便发生破坏，相比于高周疲劳，其应力水平较高，对于活塞来说，低周疲劳通常是由于热机耦合作用以及频繁地变换工况引起的。

FEA 中的疲劳分析包含疲劳寿命预测和安全系数评估，目前是评价活塞设计强度及可靠性最重要的指标之一。

6.2　内冷油腔位置对活塞热负荷的影响

本节结合有限元分析和疲劳分析对内冷油腔位置不同时，缸径为 83 mm 的内燃机活塞进行分析，通过改变内冷油腔的位置，对比活塞部分关键位置，如燃烧室、内冷油腔的温度、应力以及疲劳强度，得到内冷油腔的位置对活塞关键部位的影响，为内冷油腔位置的设计提供理论依据。

6.2.1　物理模型和网格模型

内燃机活塞不同内冷油腔的位置示意图如图 6.1 所示，研究表明与燃烧室相对位置的改变对温度场影响较小，故只改变与顶面的相对位置进行研究。

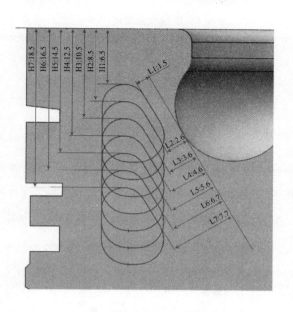

图 6.1　内冷油腔位置示意图

由于内燃机工作时，活塞除了惯性力还受到来自气缸中气体压力的作用。因此，建模时要考虑部分连杆、活塞销。其有限元分析所用的网格模型如图 6.2 所示，网格信息如表 6.1 所示。

图 6.2　网格示意图

表 6.1　活塞及其组件网格信息

组件	类型	网格数	节点数
活塞组	四面体和六面体	152 730	235 441
活塞	四面体	141 282	205 767

6.2.2　边界条件

内燃机的运行过程可视为处于稳定工况，因此可以将活塞温度场分布按照稳态温度场处理。通过硬度塞测温结果（如图 6.3 所示），校核活塞关键部位的数据，通过拟合计算直到各测温点的温度与实测温度相吻合。

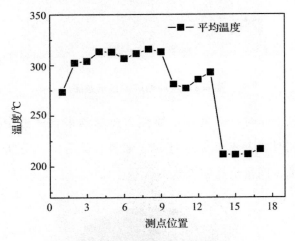

图 6.3　活塞测点平均温度

模型不同区域，设置不同的换热系数，环境温度以及换热系数一般根据经验进行设定。表 6.2 为校核后模拟计算时活塞头部不同区域换热系数及环境温度的设置，内冷油腔的传热系数依据第 5 章中式（5.20）来设置，且各方案采用相同的温度边界条件进行计算。

表 6.2　不同区域换热系数及环境温度的设置

区域	z1	z2	z3	z4	z5	z6	z7	z8	z9	z10
传热系数/$(kW \cdot m^{-2} \cdot K^{-1})$	0.6	0.8	1.1	0.8	1.8	26.3	1.6	9	1.6	3
环境温度/℃	1000	850	850	850	180	180	160	160	160	160

表中，z1——燃烧室中心；z2——燃烧室底部；z3——燃烧室喉口；z4——顶部环形；z5——火力岸、第一环槽上侧面和背面；z6——第一环槽下侧面；z7——第二环岸、第二环槽上侧面和背面；z8——第二环槽下侧面；z9——第三环岸、第三环槽上侧面和第三环槽背面；z10——第三环槽下侧面。

6.2.3　活塞温度分布

图 6.4 为有限元模拟得到的温度分布图，其测点位置与硬度塞试验结果对比如表 6.3 所示，通过对比可以看出，有限元模拟与硬度塞试验结果一致。

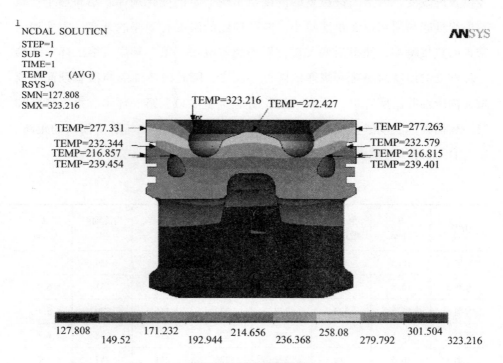

图6.4　活塞温度分布

表6.3　模拟结果与试验结果对比

位置	试验值/℃	模拟值/℃	相对误差/%
燃烧室喉口	327	323	1.2
火力岸	281	277	1.4
第二环岸	213	216	1.4

第一环槽处的温度对机油结焦有较大的影响，当环槽区域温度超过所能承受的最高温度时，易引起润滑油的化学裂变进而在环槽根部形成积炭，导致机油变质结焦，当积炭达到一定程度时便会阻碍活塞环的运动，甚至会完全堵塞，造成环在第一环槽内卡死。同时积炭作为环槽系统的热绝缘物，还会阻碍活塞向气缸壁的热传导，使活塞局部温度升高。

由内燃机活塞有限元模拟计算结果表 6.4 可以看出，内冷油腔位置的变化影响了内冷油腔的传热特性，进而改变了活塞温度，因此随着活塞内冷油腔位置的改变，活塞关键位置的温度也呈现一定的变化规律。结果显示：随着内冷油腔与活塞顶面距离减小，内冷油腔的温度有规律的升高，内冷油腔带走的热量增多，使得活塞关键位置燃烧室喉口、第一环岸、第二环岸和第一环槽处的温度值随之有规律的降低；反之，随着内冷油腔与活塞顶面距离增大内冷油腔温度降低，活塞关键位置燃烧室喉口、第一环岸、第二环岸和第一环槽处的温度值有规律的升高。其中，H—内冷油腔与活塞顶面的距离；L—内冷油腔与活塞燃烧室的距离。

表6.4　活塞关键位置温度值

方案	H /mm	燃烧室喉口/℃	火力岸/℃	一环槽/℃	二环岸/℃	内冷油腔/℃	L /mm
方案1	18.5	327	280	235	220	229	7.7
方案2	16.5	325	278	233	218	231	6.7
方案3	14.5	323	277	232	216	239	5.6
原方案	12.5	321	275	229	214	248	4.6
方案4	10.5	319	272	226	211	257	3.6
方案5	8.5	317	269	222	208	268	2.6
方案6	6.5	314	263	218	206	271	1.8

但是，实际设计过程中不能一味缩小内冷油腔与顶面间的距离，因为随着内冷油腔与顶面距离减小，其结构强度会逐渐降低，进而影响整个活塞头部的可靠性。另外，过小的距离会使内冷油腔温度过高，从而导致油腔中的

机油发生结焦，影响其在油腔中的振荡，严重影响冷却效果。

6.2.4　活塞应力场分析

活塞上的高温及温度梯度必然会使其产生热变形及热应力。活塞应力场的有限元分析中，使用活塞温度场作为活塞的热载荷，然后与惯性力，侧向力等载荷进行间接耦合，计算得到热变形和热应力。

活塞燃烧室有限元模拟应力结果如图 6.5 所示，其中横轴代表内冷油腔与顶面距离和内冷油腔与燃烧室距离；纵轴代表燃烧室的第一 hoop 应力值，a 代表主应力随内冷油腔与活塞顶面距离的变化，b 代表主应力随内冷油腔与活塞燃烧室距离的变化。

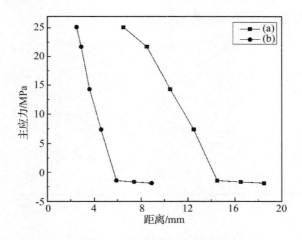

图 6.5　活塞燃烧室的第一应力

有限元计算结果显示：无论随内冷油腔与顶面距离减小或随内冷油腔与燃烧室距离减小，燃烧室的 hoop 应力值都是增加的。但是，刚开始时的变化并不明显，而是当内冷油腔与顶面距离为从 14.5～10.5 mm 时内冷油腔与燃烧室距离越来越接近，此时 hoop 应力陡然上升。结果表明，当内冷油腔与燃烧室距离太近时，内冷油腔对燃烧室结构产生很大的影响。因此，活塞内冷油腔位置的上移，要在燃烧室结构允许的范围内。

6.2.5 活塞疲劳分析

活塞工作时燃烧室、裙部、销孔等关键部位经常发生开裂等失效现象，而这些失效现象很多是由高周疲劳引起的。在给定寿命下，研究循环应力幅与等效平均应力之间的关系。当寿命一定的时候，等效平均应力越大，对应的应力幅反而会越来越小；但是，不论在哪种情况下，等效平均应力都不会大于破坏强度。破坏强度为延展性好的材料的屈服极限或变性较小的材料的抗拉强度[159]。

对于任意给定的寿命，到达疲劳极限的循环，绘制在 Goodman 图上。从原点开始到接近 Goodman 主线的一条直线，这条直线代表的是到达 Goodman 主线前的等效平均应力值，如图 6.6 所示。

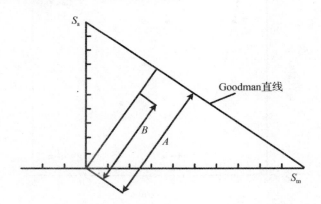

图 6.6 疲劳系数与 Goodman 曲线示意图

活塞在 720°曲轴转角的完整循环中，S_m 为等效平均应力，最大等效平均应力 S_{max} 和最小等效平均应力 S_{min} 之间的差值称为应变 ΔS，其差值的一半为应力幅 S_a，A/B 的比值代表疲劳系数。

活塞内冷油腔和燃烧室的疲劳分析结果如图 6.7 所示。其中，a，d 分别代表内冷油腔的疲劳系数随内冷油腔与活塞顶面距离的变化；b，c 分别代表燃烧室的疲劳系数和内冷油腔的疲劳系数随内冷油腔与活塞燃烧室距离的变化；横轴代表内冷油腔与顶面距离和内冷油腔与燃烧室距离；纵轴代表关键位置的疲劳因子。计算结果显示，燃烧室距离内冷油腔最小距离处的疲劳因子与燃烧室最大应力位置一致。而且从图 6.7 可以看出在 $h=12.5$ mm 时，内冷油腔的疲劳因子高于经验标准值 1.0；燃烧室的疲劳因子随着内冷油腔位置的上移，开始时的变化并不明显，而当距离从 12.5 mm 变为 10.5 mm 时，燃烧室的疲劳系数骤降，且低于经验标准值 1.1。

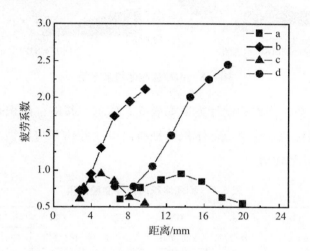

图 6.7　活塞关键位置的疲劳因子

6.3　内冷油腔截面积对活塞热负荷的影响

本节主要通过对比不同内冷油腔截面积时，活塞关键位置温度和内冷油腔温度分布以及内冷油腔内瞬态面积覆盖率、传热系数等的变化规律来分析活塞冷却效果的变化。

6.3.1　物理模型

根据内冷油腔的设计参数，保持内冷油腔形状和中心位置不变，通过改变内冷油腔截面积的大小，得到不同体积的内冷油腔，如图 6.8 所示。图 6.8（b）中相邻两个环线的间距是 0.5 mm。

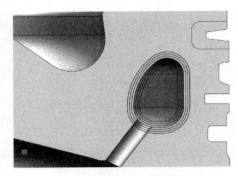

(a) 内冷油腔体积示意图　　　　　　　　　(b) 不同方案的内冷油腔草图

图 6.8　内冷油腔体积示意图

不同内冷油腔体积的设计方案如表 6.5 所示。其中，体积是内冷油腔周向环部全部填充满后的体积，体积比是指内冷油腔体积与压缩高部分活塞体积（$D^2 \cdot \text{CH}$）的比值。

表 6.5　不同体积的内冷油腔方案

方案编号	C0	C1	C2	C3	C4	C5	C6
截面积/mm²	169.419	194.277	220.706	248.705	146.133	124.417	104.271
体积/mm³	50 533.428	57 957.633	65 851.760	74 215.809	43 579.145	37 094.784	31 080.345
$D^2 \cdot \text{CH}$/mm³	1 395 158.5	1 395 158.5	1 395 158.5	1 395 158.5	1 395 158.5	1 395 158.5	1 395 158.5
体积比	0.036	0.042	0.047	0.053	0.031	0.027	0.022

C0 代表原方案（最佳方案），其他方案均为在 C0 的基础上进行偏离设置，即在截面的周向增加或者减少相同的值：C1——+0.5，C2——+1.0，C3——+1.5，C4——−0.5，C5——−1.0，C6——−1.5；D 为活塞直径，CH 为活塞压缩高。

6.3.2　有限元分析网格模型

采用四面体非结构化网格对活塞进行网格划分。由于活塞结构的复杂性，建模过程中产生的狭长，或窄面的网格尺寸统一设置为 1 mm。图 6.9 分别给出了单元尺寸为 3 mm，2 mm 和 1 mm 时活塞的网格模型，其单元数分别为 198 283，467 938，280 6465。

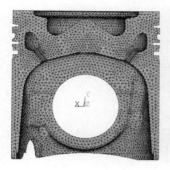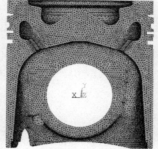

图 6.9　活塞固体域网格模型

通过与硬度塞试验数据的比较，验证不同网格的计算精度。图 6.10 给出了活塞关键位置处的试验数据和模拟计算值。对比发现，不同网格计算值与试验数据的误差都在工程允许的误差（5%）以内，且网格划分得越小，精度越高。为了节省计算时间，在保证精度的基础上，我们选用单元尺寸为 2 mm 的网格模型。

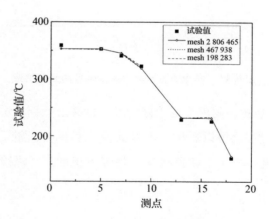

横坐标的测点位置分别是：1—燃烧室中间底部；5—燃烧室喉口；

7—顶面；9—火力岸；13—第二环岸；16—内腔顶；18—销孔内侧

图 6.10　网格细化对活塞关键位置温度的影响

6.3.3　内冷油腔体积对温度分布的影响

活塞表面温度测量使用上一章中的硬度塞法。根据硬度塞试验测出的活塞表面平均温度，调节温度边界条件，使得计算得出的温度场与试验测得的温度场基本吻合。内冷油腔的传热系数和环境温度，根据数值计算结果进行时间积分平均后投影给有限元网格。设置相同的热边界条件，对七种不同方案进行有限元分析，得到不同方案的内冷油腔表面温度梯度分布如图 6.11 所示。

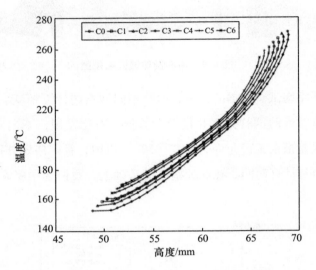

图 6.11　内冷油腔温度随高度坐标的分布规律

图 6.11 结果显示，随内冷油腔体积增大，其最低温度减小，最高温度增加。而且，从曲线变化可以看出，内冷油腔顶部和底部附近变化较大，而内冷油腔中间部位变化不大。由此可知，随着体积增加，内冷油腔顶部的冷却效果受到影响。

6.3.4　内冷油腔体积对填充率的影响

内冷油腔一般不被充满，这样在油腔中形成了两相流动，另外在惯性作用下，冷却油能形成强烈的振荡和飞溅，容易形成素流，产生良好的冷却效果。为了得到较好的振荡效果和冷却效果，可以改变内冷油腔的体积，增加内冷油腔的填充率，以强化传热。

图 6.12 为发动机转速 2 000 r·min⁻¹时，内冷油腔面积覆盖率随曲轴转

角的变化规律。活塞从下止点（BDC）向上运动时，内冷油腔内的机油大多在底部，机油随活塞上下振荡的同时受惯性作用会有部分从进出油口流出，内冷油腔的面积覆盖率较小。随着活塞向上运动，机油从进出油口流出的量减少，面积覆盖率增加，上止点（TDC）附近达到最大。活塞从上止点向下运动过程中，面积覆盖率变化较大。受惯性作用，机油撞到顶部后迅速回落，流出的机油量增加，使得面积覆盖率减小；之后，由于机油产生向上的加速度，使得内冷油腔面积覆盖率再次增大。下止点时，机油从进油口流出的量增多，面积覆盖率降低。从图中还可以看出，不同内冷油腔体积，面积覆盖率的变化规律基本一致。随着内冷油腔体积增大，面积覆盖率增加；但是，当体积增大到一定程度，体积越大，面积覆盖率增加得越少，甚至不再增加。对比发现，C1，C4，C5，C6 四个方案的面积覆盖率较小，且比较接近；而C2，C3 和原方案 C0 的面积覆盖率比较接近。表明，在一定范围内，增加内冷油腔体积，可以提高其面积覆盖率。

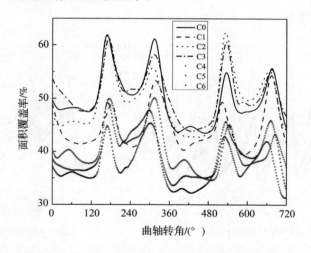

图 6.12　不同体积内冷油腔面积覆盖率的变化规律

6.3.5　内冷油腔体积对换热系数的影响

图 6.13 所示为发动机转速为 2 000 r·min⁻¹时，内冷油腔壁面传热系数随曲轴转角的变化规律。由于活塞往复运动使得内冷油腔内的流体脉动很大，

流体的分布和流动形态也因此变化。所以，每个循环对流传热系数在时间上分布不均匀，循环与循环之间也有一定的差异，如图 6.13（a）所示。从图 6.13（b）可以看出，对流传热系数受到填充率的影响，活塞上行时在曲轴转角为 180°附近最大；活塞下行时在曲轴转角为 330°附近最大。当活塞由下止点（BDC）运行到上止点（TDC）时，内冷油腔内的机油达到最多。而且机油在惯性作用下保持较高速度，脱离底部撞击到顶部，此时湍流强度和内冷油腔壁面的机油覆盖率都达到最大。因此，活塞在上止点附近时，内冷油腔的对流传热系数最高。相反，当活塞由上止点向下止点运行时，内冷油腔内的机油温度有所升高，且填充率也有所降低，导致内冷油腔的对流传热系数随之降低。从图中还可以看出，与覆盖率变化规律一致，随内冷油腔体积的增加，内冷油腔的对流传热系数增大。内冷油腔体积太小（例如方案 C4，C5，C6）时，填充率也随之减小，且机油的振荡强度降低，因此传热系数减小。体积太大，填充率却不能继续增大，内冷油腔壁面无法被机油全部覆盖，传热因此受到影响。

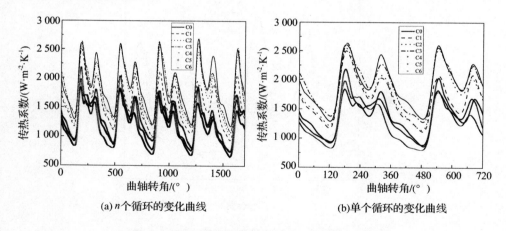

(a) n 个循环的变化曲线　　(b) 单个循环的变化曲线

图 6.13　瞬时传热系数随曲轴转角的变化规律

6.3.6　内冷油腔大小对活塞温度场的影响

图 6.14 所示是通过有限元分析得到的活塞关键位置温度值。对比发现，无论内冷油腔增大还是减小，温度值的变化都很小，即内冷油腔体积大小对

活塞温度的影响甚微。温度值的变化表明，当内冷油腔体积增大时，活塞关键位置的温度最大减小10 ℃。从图中还可以看出，活塞关键位置的温度变化与内冷油腔温度变化趋势一致，随体积增大，所有位置温度呈减小趋势。

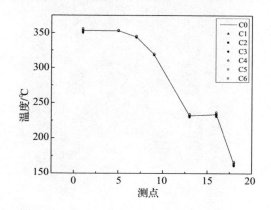

横坐标的测点位置分别是：1—燃烧室中间底部；5—燃烧室喉口；

7—顶面；9—火力岸；13—第二环岸；16—内腔顶；18—销孔内侧

图6.14　内冷油腔大小对活塞关键位置温度的影响

6.4　焊接飞边对活塞换热的影响

为满足高性能柴油机强化程度和排放的要求，发动机部件的负载日益增加。发动机工作过程中活塞需要承受更高的爆发压力和高温带来的载荷，内冷油腔振荡传热作为一种非常高效的强化传热方式，可以有效应对内燃机活塞日益严重的热负荷问题。带内冷油腔的钢活塞逐渐被广泛应用在商用汽车发动机中。

目前大部分锻钢活塞是通过摩擦焊的形式将分别锻造的活塞头部与裙部连接在一起形成的[158－159]。锻钢活塞的头部与裙部之间会形成一个封闭的冷却油腔。与铝合金活塞内冷油腔相比，锻钢活塞内冷油腔的截面积大，形状不规则。摩擦焊是一种固态连接技术，焊接过程中所需控制的焊接参数较少，摩擦焊过程的控制精度与可靠性很高，且焊接参数设定后容易实现监控[160]。但摩擦焊过程中母材不发生熔化，属于固相热压焊，接头为锻造组织，焊合区金属晶粒细化，组织致密，夹杂物弥散分布，因此内冷油腔内会因为焊缝的存在而产生焊接飞边[161]，其结构如图 6.15 所示。

图 6.15　带焊接飞边的锻钢活塞结构示意图

为了研究焊接飞边对钢活塞内冷油腔传热性能的影响，对同一型号、环形腔截面上有焊接飞边和无飞边结构的钢活塞进行有限元模拟计算，并分别对进行 1 000 h 试验后的钢活塞顶部和油腔内的积炭量进行了测量。对比分析发现，焊接飞边的存在阻碍了内冷油腔的传热，导致内冷油道内表面的温度升高，进而使得活塞整个头部的温度增加，钢活塞顶面和内冷油腔内产生积炭，进而影响冷却效果。

由于环形腔截面上有焊接飞边和变截面结构，锻钢活塞内冷油腔内的流动变得更加复杂。机油喷入内冷油腔进口，到达内冷油腔顶部时仍然有一定的速度，因此内冷油腔环形腔入口会出现一个漩涡，然后机油流动趋于平稳[162-164]。液相流经飞边和变截面处，被突然改变方向，影响液相对油腔壁面的冲刷，从而影响换热效果。

目前，尚未见到有关锻钢活塞内冷油腔传热效果和焊接飞边对内冷油腔传热效果方面的研究。以某型号锻钢活塞为研究对象，通过对比有较大焊接飞边和没有焊接飞边内冷油腔的传热效果、燃烧室的结构强度，计算分析焊接飞边的存在对锻钢活塞热负荷及可靠性的影响。

6.4.1　参数与模型

内燃机工作时，活塞也受到气缸内的气压的影响。因此，在建模中应考虑连杆和活塞销。本次有限元分析所用活塞采用钢材料，材料性能见表6.6。

表 6.6　某锻钢活塞的材料特性

Density/(kg · m^{-3})	Elastic Modulus/GPa	Poisson's ratio	Thermal conductivity/(W · m^{-1} · K^{-1})
7800	209	0.28	随温度变化

考虑到钢活塞的对称性，取钢活塞、活塞销和连杆小头的二分之一模型为有限元分析模型。带焊接飞边和不带焊接飞边的钢活塞模型如图6.16所示。采用 ANSYS 自带的网格划分技术，活塞采用非结构化网格。为了较好地呈现数据变化规律并且更有效地对比计算结果，计算中两个模型采用统一的网格尺寸，且在温度梯度较大或者活塞局部特征面较小的部位，采用比较密集的网格，而在温度梯度较小的部位，使用相对稀疏的网格。

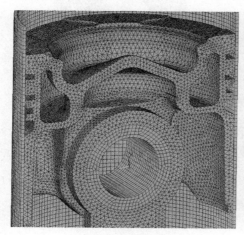 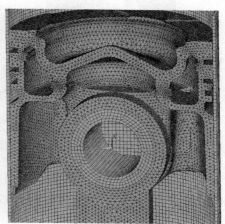

（a）无焊接飞边结构　　　　　　　　　（b）带焊接飞边结构

图 6.16　有限元分析模型

6.4.2　有限元分析结果及讨论

内冷油道结构和大小对结构强度有一定的影响。而且容积比影响了冷却油在内冷油道内的滞留周期，内冷油腔的冷却效果也会受到影响，进而影响结构的可靠性。焊接飞边的存在既影响了内冷油腔的结构，又改变了容积比，对内冷油腔内冷却油的流动有很大影响，是影响钢活塞内冷油腔冷却效果的主要因素之一。

6.4.2.1 温度场对比

为了对比有无焊接飞边对活塞换热效果和结构强度的影响，以某型号锻钢活塞为研究对象，对额定工况下的钢活塞进行硬度塞测温试验，作为温度场模拟计算的边界条件。然后考虑温度、爆发压力、惯性力等因素影响，进行热机耦合计算，得到活塞关键位置的变形、应力等结果，温度场结果如图6.17 所示。

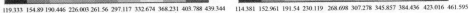

119.333 154.89 190.446 226.003 261.56 297.117 332.674 368.231 403.788 439.344   114.381 152.961 191.54 230.119 268.698 307.278 345.857 384.436 423.016 461.595

图 6.17　钢活塞的温度场

通过对比燃烧室喉口、内冷油道表面的温度值可以看出，焊接飞边对冷却效果有很大的影响。焊接飞边的存在使得内冷油腔的换热效率降低，导致内冷油道表面的温度升高，增加了内冷油道内积炭的风险。积炭量可以通过测量长时间在发动机中运行后的钢活塞顶部和油腔内的积炭厚度进行评估。

6.4.2.2 hoop 应力的对比

活塞在工作过程中，燃烧室部位主要受到两个力的作用，即机械拉应力和热应力，这两种力造成了活塞燃烧室不同部位的开裂。由于燃气压力的作用，活塞会以销为支点发生弯曲变形，此时在沿销轴方向的喉口处会产生较大的拉应力，属于机械应力。如图6.18 所示，通过对比有无焊接飞边对结构强度的影响发现，两结构的应力分布趋势一致，有焊接飞边结构的钢活塞，其机械拉应力较大，对活塞强度造成的损害也大。另外，燃烧室底部和燃烧室喉口的机械应力比较高。由于热负荷、爆发压力、惯性力的共同作用，有焊接飞边结构钢活塞燃烧室的温度较高，变形量增加，机械应力随之变大。

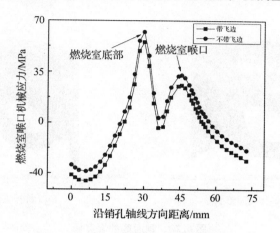

图 6.18　沿销孔轴线方向的机械应力

图 6.19 为燃烧室沿推力轴方向分布的热应力曲线。负荷较大时，活塞温度较高。在燃烧室喉口处产生了热膨胀。由于存在约束作用，此处形成了压应力。结果显示，与无焊接飞边结构的钢活塞相比，有焊接飞边的钢活塞在燃烧室喉口的压应力更大，容易在燃烧室喉口边缘形成裂纹。这是因为有焊接飞边的钢活塞温度梯度较大，因此其热变形量也大，承受负荷的能力降低。

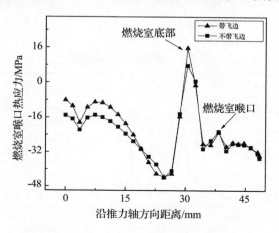

图 6.19　沿推力轴方向的热应力

通过对比燃烧室喉口、内冷油道表面的温度值可以看出，焊接飞边结构对冷却效果的影响也很大。焊接飞边越大，内冷油腔的换热效率越低，导致内冷油道表面的温度升高，内冷油道也越容易积炭，反过来继续影响内冷油腔的换热效率。

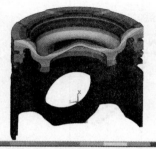

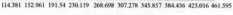

114.381 152.961 191.54 230.119 268.698 307.278 345.857 384.436 423.016 461.595   119.755 154.866 209.978 265.089 320.2 375.311 430.422 485.534 540.645 595.756

（a）焊接飞边较小　　　　　　　　　　（b）焊接飞边增大

图 6.20　钢活塞的温度场

6.4.3　试验结果及讨论

活塞在经过长时间的运行之后，在高温腐蚀的作用下，活塞顶部材料在过热时会发生氧化，而使其化学成分发生变化，最终在活塞顶面形成氧化层。严重时，会导致活塞顶部烧蚀。对所研究活塞进行 1 000 h 耐久试验，然后对燃烧室和油腔内的氧化层和积炭厚度进行检测，发动机主要技术参数如表 6.7 所示。

表 6.7　发动机的技术参数

参数名称/单位	参数值
缸径/mm	112
冲程/mm	145
压缩比	17.5
额定功率/kW	276
额定转速/(r·min^{-1})	2 100
最大爆发压力/bar	230

将试验后的钢活塞进行切割，并利用测厚仪对燃烧室内氧化层厚度和内冷油道内积炭层厚度进行测量，测量的位置如图 6.21 所示。

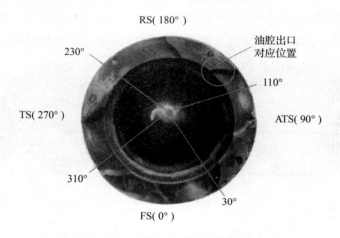

图 6.21　活塞切割位置示意图

燃烧室氧化层厚度如表 6.8 所示，对比各部位氧化层厚度可以看出，焊接飞边的存在，影响了冷却油在腔内的流动，降低了出口侧活塞头部的冷却效果，使得燃烧室产生氧化层。活塞往复运动中，由于流体流动结构的变化，活塞不同位置产生氧化层厚度的最大值在不同的截面处。往复运动过程中，各缸同一时刻处于不同曲轴转角的位置，因此相同截面处的氧化层厚度也不相同。但是对比发现，同一活塞位置，各缸产生氧化层厚度的最大值非常接近。另外，从表中数据可以看到燃烧室底部在 30°截面处产生的氧化层厚度最大。

表 6.8　氧化层厚度　　　　　　　　　　　　　　　　单位：μm

位置		30°截面处	110°截面处	230°截面处	310°截面处
气门坑底部与燃烧室之间的过渡尖角处	1 缸	9.23	7.98	4.86	8.1
	3 缸	7.07	7.92	8.9	6.91
燃烧室喉口	1 缸	8.28	8.41	7.34	7.71
	3 缸	5.52	9.73	9.74	8.04
燃烧室底部	1 缸	5.43	6.93	4.94	3

冷却油腔的积炭厚度如表 6.9 所示。对比不同截面处的积炭厚度，进口侧的积炭厚度小于出口处的积炭厚度。焊接飞边的存在，影响了冷却油在腔内的流动，降低了出口侧内冷油腔的换热效率，使得出口侧的积炭厚度增加。表中的数据进一步说明了焊接飞边的存在使得内冷油腔的换热效率降低，导致内冷油道表面的温度升高，内冷油道内积炭的风险大大增加，从而导致环岸出现积炭。

表 6.9　积炭厚度　　　　　　　　　　　　　　　单位：μm

位置		30°截面处	110°截面处	230°截面处	310°截面处
内冷油腔顶部	1 缸	60.9	88.9	77.8	60.5

6.4.4　小结

经数值模拟计算和试验结果对比，可以得出以下几个结论。

（1）焊接飞边的存在，改变了内冷油腔理想的设计结构。焊接飞边结构还降低了内冷油腔的传热效率，导致内冷油道内表面的温度升高，产生积炭，降低了活塞可靠性。

（2）与无焊接飞边钢活塞相比，有焊接飞边结构的钢活塞，其活塞燃烧室应力分布趋势没有变，但拉应力和压应力都有不同程度的增大，降低了活塞的可靠性。

（3）对有焊接飞边结构的活塞进行氧化层和积炭量检测，发现有焊接飞边活塞的燃烧室和内冷油腔的温度升高，导致顶面产生氧化层，内冷油腔产生积炭。焊接飞边结构改变带来的影响，仍不能量化，需要对长时间在发动机中运行后的钢活塞顶部和油腔内的积炭量进一步测量。

6.5　新型活塞结构的研究

通过前两节的研究发现，单纯地改变内冷油腔的位置和结构，虽然增强了换热，降低了热负荷，但是其冷却效果有限。随着铸造、加工等技术的进步，探寻新的冷却介质和开发新型内冷油腔活塞结构成为降低热负荷的新方向。对于新的冷却介质的研究，王鹏已对纳米流应用在内冷油腔冷却进行了深入研究。

为减小第一环槽的磨损，防止出现开裂等失效现象，常对第一环槽使用环槽镶圈、改变活塞镶圈材料等一些强化措施[165-166]。但是有研究表明[167-168]，单独地使用耐磨镶圈会降低活塞燃烧室的可靠性。镶圈活塞头部增加内冷油腔可以有效降低第一环槽的温度，但内冷油腔的铸造工艺使得活塞的成本显著提高，而且随着柴油机压缩高度的减小，内冷油腔的位置对活塞燃烧室的可靠性产生很大影响。因此内冷油腔的使用，对提高环槽的耐磨性有好处，但其效果受到位置限制。为了提高活塞第一环槽耐磨性的同时，提高活塞的使用寿命，可以考虑镶圈内冷一体的新型结构。

6.5.1　研究对象

本节利用有限元分析法对仅采用镶圈，同时采用镶圈和内冷，以及采用镶圈内冷一体结构的活塞组件（如图6.22所示）进行温度场分析、结构分析和疲劳分析。研究中采用 ANSYS 自带的网格划分技术，活塞采用非结构化网格。根据硬度塞测温试验，校核活塞关键部位的数据，通过拟合计算调节温度场计算所需的热边界条件。

 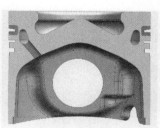 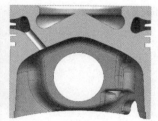

(a) 镶圈活塞　　　　　　(b) 镶圈内冷活塞　　　　　(c) 镶圈内冷一体活塞

图6.22　不同结构的镶圈活塞模型

6.5.2　温度场分析

根据校核后的边界条件进行模拟计算，得到不同结构活塞关键位置温度，如表6.10所示。通过对比可知，在镶圈上使用内冷油腔，燃烧室喉口最高温度比仅采用镶圈的活塞降低了 16 ℃，比镶圈内冷结构的活塞低了 5 ℃，可以有效防止燃烧室喉口开裂。没有任何降温措施的镶圈活塞，其燃烧室温度比其他两种结构高 20~30 ℃，严重影响了燃烧室的强度。从第一环槽根部位置的温度可以看出，镶圈内冷一体的活塞第一环槽根部的温度比其他两种结构的温度分别低 13 ℃，35 ℃。活塞第一环槽温度的降低，使得积炭减少，延长活塞使用寿命。

表 6.10　不同结构活塞关键位置温度

位置	燃烧室喉口/℃	火力岸/℃	第一环槽/℃	燃烧室/℃
镶圈活塞	342	296	219	259
镶圈内冷活塞	331	286	197	236
镶圈内冷一体活塞	326	281	184	230

6.5.3　变形和应力分析

6.5.3.1　变形分析

对比不同结构活塞第一环槽下侧面根部和外缘的变形量，如图 6.23 所示。其中曲线 a 代表仅有镶圈的活塞，曲线 b 代表同时有镶圈和内冷的活塞，曲线 c 代表镶圈内冷一体的活塞。结果显示，活塞第一环槽下侧面最大热变

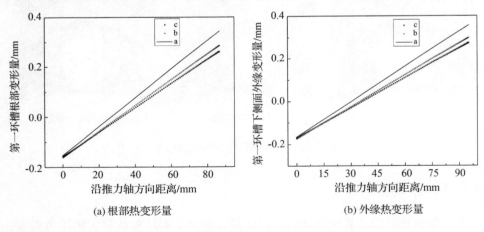

(a) 根部热变形量　　　　(b) 外缘热变形量

图 6.23　第一环槽下侧面热变形量的变化规律

· 142 ·

形位置相同，且镶圈内冷一体的活塞第一环槽下侧面的变形梯度和最大变形量最小。镶圈内冷一体活塞结构的使用，改变并增加了活塞散热的途径，使得活塞温度梯度发生改变，进而使得变形量减小。

6.5.3.2　应力分析

活塞上的高温、温度梯度及机械载荷必然会使其产生热变形和机械变形，进而产生应力。应力较大和应力集中的部位容易造成活塞失效。表 6.11 的数据显示，仅有镶圈的活塞，应力过大。内冷油腔的使用，降低了第一环槽的热负荷，使得热应力和耦合应力都降低了 40 多 MPa。镶圈内冷一体的活塞结构，使得内冷油腔的位置上移，第一环槽下侧面的最大热应力和最大耦合应力进一步减小。

表 6.11　活塞第一环槽下侧面最大应力

参数	镶圈活塞	镶圈内冷活塞	镶圈内冷一体活塞
热应力/MPa	194	152	129
热机耦合应力/MPa	209	162	144

6.5.4　强度分析

活塞在工作过程中，燃烧室部位主要受到两个力的作用，即机械拉应力和热应力，这两种力造成了活塞燃烧室不同部位的开裂。

6.5.4.1　沿销孔轴线方向的机械应力

做功冲程中，由于燃气压力的作用，活塞会以销为支点发生弯曲变形，此时在沿销轴方向的喉口处会产生较大的拉应力，属于机械应力。如图 6.24 所示，燃烧室底部和燃烧室喉口的机械应力比较高。在热负荷、爆发压力、惯性力的共同作用下，镶圈活塞的承受能力较低，燃烧室的温度较高，变形量最大，机械应力也最大。三种结构的应力分布趋势一致，镶圈内冷一体的活塞，其机械拉应力最小，对活塞强度造成的损害也最小。

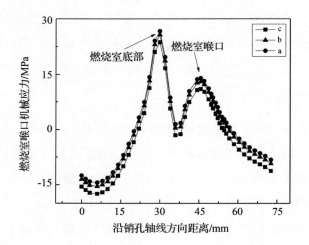

图 6.24 沿销孔轴线方向的机械应力

6.5.4.2 沿推力轴方向的热应力

图 6.25 所示为燃烧室沿推力轴方向分布的热应力曲线。负荷较大时，活塞温度较高。在燃烧室喉口处产生了热膨胀。由于存在约束作用，此处形成了压应力。

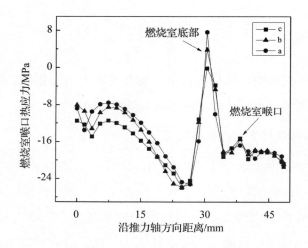

图 6.25 沿推力轴方向的热应力

对比图中曲线可以看出，只有镶圈的活塞，温度梯度较大，变形量也最大，承受负荷的能力最低，燃烧室喉口的压应力最大，容易在燃烧室喉口边缘形成裂纹。镶圈内冷一体的活塞，无论是在燃烧室底部还是燃烧室喉口，都比镶圈内冷活塞的热应力低，显示了结构的优越性。

6.6　新型内冷油腔的研究

本节对同一型号、不同油腔结构的活塞进行模拟计算分析。探索波壁环形内冷油腔和普通腰形内冷油腔对活塞头部温度分布的影响，分析波壁管形内冷油腔的冷却效果。对比波壁管形内冷油腔活塞和普通腰形内冷油腔活塞的仿真结果可知，波壁管形内冷油腔对降低活塞头部温度有积极作用，波壁管形内冷油腔的参数对活塞头部温度值及其分布影响较小。波壁管形内冷油腔可以更有效地阻止内冷油腔内部的结焦，为活塞冷却油腔新结构的设计优化提供理论指导。

6.6.1　研究对象

发动机工作时活塞沿气缸轴向高速往复运动，机油喷嘴在气缸底部以一定速度向活塞冷却油腔入口喷射冷却油，此时油与空气形成的两相流在油腔里不断振荡，形成强化换热的效果。设计的新型内冷油腔形状是波壁管形内冷油腔，与普通截面油腔一样，入口与出口相对，机油自入口进入后向两侧分流形成沿管周向流动，汇集到出口处流出，如图 6.26 所示。

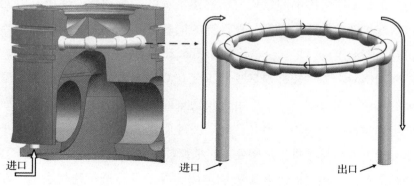

进口　　　　　　　　进口　　　　　　　　出口

图 6.26　内冷油腔

三维波壁管内脉动流场对流体流动特性的影响方面的研究不多，波壁通道内的流动及质量传递特性的相关研究也较少，其中，大连理工的张亮[169]通过实验手段开展了脉动流场下非牛顿流体在波壁管内流动特性的研究，以模拟内燃机冷却油腔内的流动及热质传递特性，为脉动流场下非牛顿流体在冷却油腔内的应用提供了理论依据。本研究通过数值模拟的方法，开展不同结构波壁管形内冷油腔在活塞降温效果方面的研究。波壁管形内冷油腔的波幅用 a 表示，波长用 λ 表示，波壁管形内冷油腔的形状参数和截面参数如图6.27 所示。

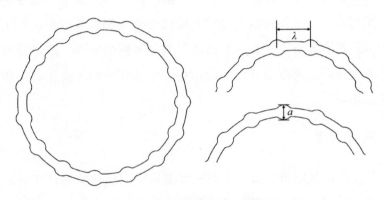

图 6.27　波壁管形内冷油腔参数

6.6.2　计算方法

为了探索不同内冷油腔结构对活塞热负荷的影响规律，使用有限元分析软件对活塞组件进行迭代求解，在计算的同时显示残差曲线用于跟踪计算过程，得到活塞温度场结果，分析流程如图 6.28 所示。

划分网格时，为了较好地呈现数据变化规律并节省计算时间，在温度梯度较大的部位（如燃烧室），采用比较密集的网格，而在温度梯度较小的部位，使用相对稀疏的网格。另外，对于关键位置（如喉口）等尺寸较小的面也会单独设置网格尺寸进行加密处理。根据前处理过程所生成的模型的网格、所选的数值算法，通过硬度塞试验调节的边界条件等进行迭代求解，在计算的同时显示残差曲线用于跟踪计算过程，从而得到温度场结果。

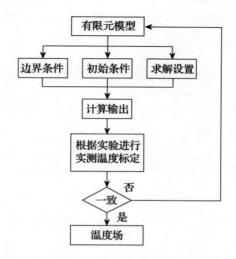

图 6.28　有限元分析流程图

采用硬度塞法对带内冷油腔的活塞进行硬度塞试验，试验主要是测量活塞头部的温度。将硬度塞安装完成后的活塞装入发动机中，磨合 30 min 后进入发动机额定工况运行 2 h。通过硬度塞试验，得到活塞表面平均温度的测量结果。并对试验中的某型号活塞进行有限元模拟计算。根据活塞硬度塞试验测出的活塞表面平均温度，调节边界条件，使得计算得出的温度场与试验测得的温度场在允许的误差范围内。图 6.29 给出了有限元模拟计算得到的活塞头部温度分布。

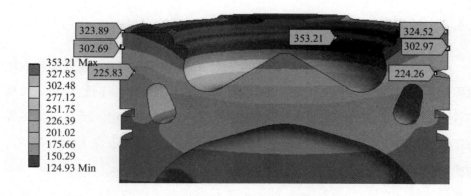

图 6.29　有限元分析活塞头部温度分布

对比硬度塞试验结果和有限元计算结果，由表 6.12 可以看出，绝对误差都在 5% 以内，计算精度可达到工程应用的标准。

表 6.12　部分活塞有限元分析与试验结果对比

位　　置	实测温度值/℃	计算温度值/℃	温度差值/℃	相对误差/%
活塞顶	325	323	−2	0.6
燃烧室喉口	350	354	4	1.1
火力岸	305	302	−3	0.9
第一环槽	223	225	3	1.3

6.6.3　网格精度分析

一般来说，有限元计算中，加密网格是提高计算精度的有效方法。但随着网格的数量加大，计算规模必然增加。因此，计算时进行网格精度分析，综合考虑网格精度和网格密度的影响，最终确定出合理的网格尺寸。对比图 6.30 中不同网格下活塞的温度分布，网格大小对温度场的影响较小，活塞温度分布趋势一致，最高温度都在燃烧室部位，且大小都是 353 ℃。因此，本章中活塞组有限元模型的网格，采用软件默认的自适应网格划分即可。

6.6.4　计算结果分析

活塞运行过程中的高温使得机油在内冷油腔内产生结焦，并且随着内燃机强化程度的提高，活塞承受的热负荷越来越高，油腔结焦问题将是制约换热效果的重要因素之一。图 6.31 给出了不同内冷油腔结构下活塞温度场分布，原活塞内冷油腔截面是腰形结构，其燃烧室喉口最高温度为 353.21 ℃，油腔内表面温度为 263.17 ℃。$\lambda = 14$ mm，$\lambda = 11$ mm，$\lambda = 9$ mm，$\lambda = 7$ mm 分别代表同一波幅（$a = 2$ mm）时不同波长波壁管形内冷油腔结构时活塞头部温度分布和内冷油腔内表面温度分布；$a = 1.5$ mm，$a = 2$ mm，$a = 2.5$ mm，

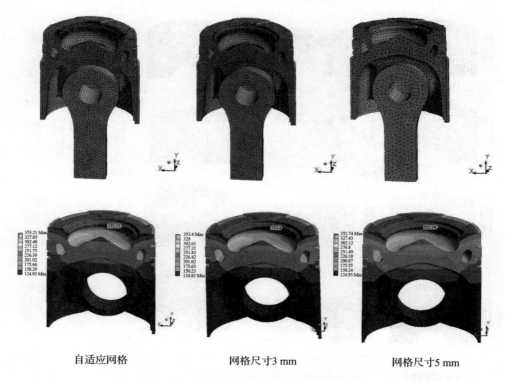

自适应网格　　　　　　　　网格尺寸3 mm　　　　　　　　网格尺寸5 mm

图 6.30　不同网格下活塞的温度分布

$a=3$ mm 分别为同一波长（$\lambda=11$ mm）时不同波幅波壁管形内冷油腔结构时活塞头部温度分布和内冷油腔内表面温度分布。对比不同波长的结构与普通腰形内冷油腔结构活塞的最高温度、温度分布及油腔内表面温度可以看出，不同波长时，波形管型内冷油腔结构活塞最高温度和普通内冷油腔结构活塞的最高温度相差仅 1 ℃左右，但是油腔内表面的温度差值较大。因此，在保证活塞降温效果的同时，波形管型内冷油腔内表面的温度值更低，不利于油腔结焦的形成。对比不同波长的波形管型内冷油腔结构对活塞头部温度的影响可知，波长越短，降温效果越好，且波形管型内冷油腔内表面的温度值越低。对比不同波幅的波形管型内冷油腔结构对活塞头部温度的影响可知，波幅越大，越有利于活塞头部温度的降低，但随着波幅每增加 0.5 mm，波形管型内冷油腔内表面的温度值增加 2 ℃左右。

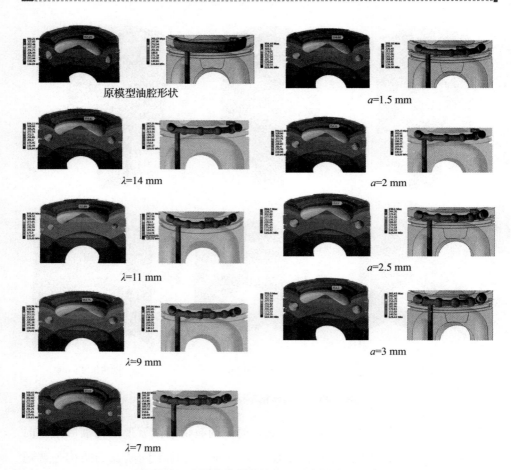

图 6.31　不同内冷油腔结构下活塞温度场分布

为了进一步探索波壁管形内冷油腔与普通腰形内冷油腔对活塞头部温度分布及油腔内表面温度的影响，利用正交实验法，对不同波长和不同波幅的波壁管形内冷油腔活塞组进行仿真分析。结果显示（如表 6.13 所示），活塞燃烧室喉口温度随波长的减小而降低，且随波幅的增加而降低。内冷油腔内表面温度随波长的减小降低，随波幅增加而增加。当波长为 7 mm，波幅为 3 mm 时，活塞燃烧室喉口最大温度值最低。当波长为 7 mm，波幅 1.5 mm 时，内冷油腔内表面最大温度值最低。当波长为 9 mm，波幅 2.5 mm 时，活塞燃烧室喉口最大温度值与原腰形内冷油腔活塞燃烧室喉口最大温度值相同，而内冷油腔内表面温度值降低了 5 ℃左右。由此可见，波壁管形内冷油腔可以有效降低活塞头部温度，并且更有利于阻止结焦的形成。

表 6.13　不同内冷油腔结构下活塞燃烧室喉口温度和油腔内表面温度

参数		$\lambda = 14$ mm	$\lambda = 11$ mm	$\lambda = 9$ mm	$\lambda = 7$ mm
$a = 1.5$ mm	燃烧室喉口最大温度值/℃	354.48	354.36	354.26	354.13
	内冷内表面温度值/℃	255.32	255.1	254.97	254.89
$a = 2$ mm	燃烧室喉口最大温度值/℃	354.11	353.89	353.75	353.6
	内冷内表面温度值/℃	257.25	257.19	257.06	256.53
$a = 2.5$ mm	燃烧室喉口最大温度值/℃	353.7	353.4	353.21	353.01
	内冷内表面温度值/℃	259.1	259.03	258.81	258.36
$a = 3$ mm	燃烧室喉口最大温度值/℃	353.3	353.01	352.73	352.53

6.6.5　小结

综合以上分析，可以得到：

（1）波壁管形内冷油腔结构可以有效降低活塞头部温度，且与普通腰形内冷油腔温度分布趋势一致。最高温度出现在燃烧室喉口附近，波壁管形内冷油腔参数对活塞头部温度结果影响较小。但是内冷油腔内表面温度与普通腰形内冷油腔内表面温度相比变化较大。

（2）对比波壁管形内冷油腔和普通腰形内冷油腔内表面温度可知，波壁管形内冷油腔的内表面温度更低。对比不同波长的波壁管形内冷油腔结构对活塞头部温度的影响可知，随着波长减小，内冷油腔内表面的温度值越低。因此，波壁管形内冷油腔可以更有效地阻止内冷油腔内部的结焦，为活塞冷却油腔新结构的设计优化提供了理论指导。

6.7　热负荷对活塞二阶运动的影响

本节结合有限元分析和动力学分析分别对内冷油腔冷却和内腔喷油的两种活塞的温度分布及其在缸套中的运动状态、接触位置、摩擦磨损以及由二次运动导致的活塞与缸套间的敲击等进行对比计算，探讨了内冷油腔使用对活塞二阶运动的影响。

研究不同热负荷对活塞运动的影响，需要得到使用内冷油腔前后活塞的热变形量，而活塞热变形的主要影响因素是活塞的温度场。为获得使用内冷油腔前后活塞的温度场，根据硬度塞试验获得的活塞表面单点温度对活塞的边界条件进行调节，利用 ANSYS 求取活塞温度场。将求得的温度场加载到装配工况中进行计算，获得活塞的热变形量。进而通过动力学分析模拟内冷油腔冷却和内腔喷油冷却活塞在缸套中的运动情况，分析流程如图 6.32 所示。

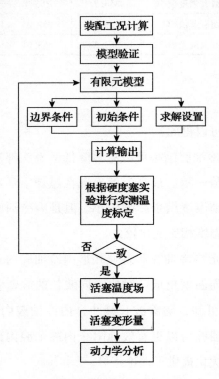

图 6.32　研究分析流程图

6.7.1　活塞材料及网格划分

活塞是有限元分析时主要考虑的元件，采用铝合金材料，活塞材料的属性设置如表 6.14 所示。活塞的单元类型通常定义为 Solid187，活塞销则定义为

Solid186。计算中，采用 ANSYS 自带的网格划分技术。为了较好地呈现数据变化规律并节省计算时间，在温度梯度较大的部位（如燃烧室），采用比较密集的网格，而在温度梯度较小的部位，使用相对稀疏的网格，如图 6.33 所示。

表 6.14 活塞材料属性

密度/(kg·m⁻³)	弹性模量/MPa	泊松比	导热系数/(W·m⁻¹·K⁻¹)	线性膨胀系数/K⁻¹
2 700	7 100	0.31	163	232 x 10 – 5

6.7.2 边界条件及求解

采用硬度塞法分别对内冷油腔冷却活塞和内腔喷油冷却进行硬度塞试验。获得活塞相应测点位置的温度值，发动机各缸活塞温度如表 6.15 所示。1，3，5 缸为内冷油腔冷却活塞，2，4，6 缸为内腔喷油冷却活塞，平均值 1 和平均值 2 分别为三个缸内内冷油腔冷却活塞和内腔喷油冷却活塞表面温度平均值。根据各缸活塞温度的测试结果可以得到两种活塞表面的平均温度对比如图 6.34 所示。

图 6.33 网格模型示意图

表 6.15 各缸活塞表面温度测试结果

测点	1#/℃	2#/℃	3#/℃	4#/℃	5#/℃	6#/℃	平均值1 /℃	平均值2 /℃
1	356	369	363	378	357	372	359	373
2	347	371	343	367	354	378	348	372
3	357	371	366	380	366	380	363	377
4	354	368	353	367	355	369	354	368
5	358	372	353	367	347	362	353	367
6	345	362	350	367	348	363	347	364
7	336	354	340	358	347	365	341	359
8	319	335	319	335	310	326	316	332

测点	1#/℃	2#/℃	3#/℃	4#/℃	5#/℃	6#/℃	平均值1/℃	平均值2/℃
9	331	347	315	331	323	339	323	339
10	315	331	305	324	315	332	311	329
11	324	340	317	333	313	329	318	334
12	224	242	222	240	232	250	226	244
13	236	252	225	243	228	246	229	247
14	224	242	237	255	223	241	228	246
15	226	244	226	244	228	247	227	245
16	227	222	223	218	228	223	226	221
17	162	180	162	179	166	184	163	181
18	162	180	163	181	158	176	161	179

注：1——燃烧室中心；2，3，4，5——燃烧室喉口；6，7——活塞顶面；8，9，10，11——火力岸；12，13，14，15——第二环岸；16——内腔顶部；17，18——销孔内侧。

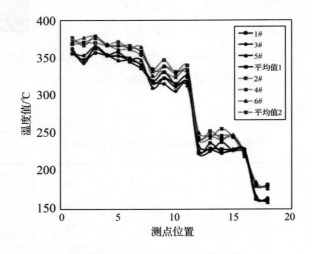

图6.34　活塞表面温度对比图

对试验中的活塞进行有限元模拟计算。内燃机的运行过程可视为处于稳定工况，因此可以将活塞温度场分布按照稳态温度场处理。在活塞不同区域，设置不同的换热系数，环境温度以及换热系数一般根据经验进行设定，然后结合硬度塞试验测得的活塞温度进行调整。

根据前处理过程所生成的网格模型、所选的数值算法、边界条件等进行迭代求解，在计算的同时显示残差曲线图用于跟踪计算过程，得到活塞温度场、应力场等结果。

6.7.3　温度场计算及分析

根据硬度塞试验测出的活塞表面平均温度，调节边界条件，使得计算得出的温度场与试验测得的温度场在允许的误差范围内。其温度场分布如图 6.35 所示，且由表 6.16 可以看出，绝对误差都在 5% 以内，计算精度可达到工程应用的标准。由此可见，结合硬度塞试验数据对有限元计算模型传热边界条件进行调节是边界条件确定有效的方法。

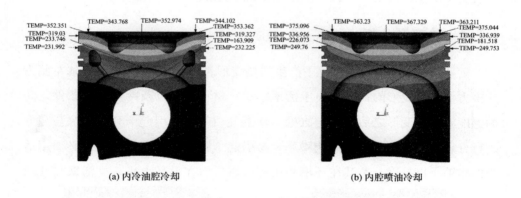

(a) 内冷油腔冷却　　　　　　　　　　(b) 内腔喷油冷却

图 6.35　活塞温度场分布图

表 6.16　活塞部分位置表面温度计算值与实测值对比

位置	测点	内冷油腔活塞实测温度值/℃	内冷油腔活塞计算温度值/℃	温度差值 1 ℃	相对误差 1%	内腔喷油活塞实测温度值/℃	内腔喷油活塞计算温度值/℃	温度差值 2 ℃	相对误差 2%
燃烧室	1	359	352	−7	1.9	373	367	−6	1.6
燃烧室喉口	5	353	352	−1	0.28	377	375	−2	0.5
顶面	7	341	344	3	0.87	359	363	4	1.1

位置	测点	内冷油腔活塞实测温度值/℃	内冷油腔活塞计算温度值/℃	温度差值1 ℃	相对误差1%	内腔喷油活塞实测温度值/℃	内腔喷油活塞计算温度值/℃	温度差值2 ℃	相对误差2%
火力岸	9	323	319	−4	1.2	339	336	−3	0.9
二环岸	13	229	231	2	0.87	247	249	2	0.8
内腔顶	16	226	233	7	3.0	221	226	5	2.2
销孔内侧	18	161	163	2	1.2	179	181	2	1.1

由表可以看出，实测值和计算值最大相对误差为 3.0%，在工程应用允许的范围内。图 6.35 给出了两种不同冷却方式的活塞及其关键位置模拟温度值。由此可知，内冷油腔内的流体带走一部分活塞热量。改变活塞结构的同时改变了活塞的温度梯度，可以更有效地降低活塞头部的温度。

6.7.4 热变形分析

活塞工作时在热负荷作用下产生的热变形，如图 6.36 所示，活塞左侧为主推力侧。其变形的程度取决于活塞结构、材料性能以及冷热工作条件之间的温度差异。变形之后活塞与缸壁、环及气门等容易引起卡死。将综合变形进行分解，其中径向变形影响噪声，易引起卡死并增大摩擦损失，必须用适当的间隙予以补偿，尤其在环槽和裙部区域。而在设计上止点处活塞与气门

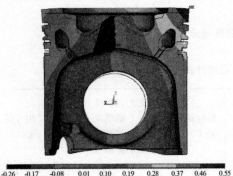
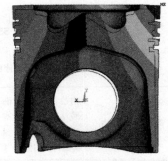

-0.26 -0.17 -0.08 0.01 0.10 0.19 0.28 0.37 0.46 0.55

-0.30 -0.20 -0.10 0.00 0.10 0.20 0.30 0.40 0.50 0.60

(a) 内冷油腔冷却　　　　　　　　　　　(b) 内腔喷油冷却

图 6.36　活塞热变形

之间相对位置时则必须考虑轴向变形。

由图可以看出,活塞头部中间略微凸起,环岸处向下弯曲,销座销孔的外侧也向下弯曲,裙部则是中间区域相对于上下两端向内凹陷。图中显示,最大变形出现在顶岸处,向下逐渐减小;销孔方向热变形大,推力轴方向变形小。从整体上看,两种情况的活塞变形云图基本一致,在受热量最大的顶面周围出现最大的变形量,但内冷油腔冷却活塞的最大径向变形量为0.55 mm,内腔喷油冷却活塞的最大变形量为0.60 mm,相差0.05 mm,主要的原因是内冷油腔冷却改变了活塞结构,增加了散热的途径,使得活塞温度梯度发生改变。

6.7.5 活塞裙部型线

活塞热负荷会导致整个活塞产生热变形。设计活塞型线时,根据配缸间隙以及活塞与缸套之间润滑油膜的要求,给出活塞裙部型线,即冷态型线,如图 6.37 所示。通过有限元分析得到活塞的温度场,然后将其导入动力学模型中计算活塞热变形,得到热变形量与冷态型线叠加得到了活塞裙部热态型线。

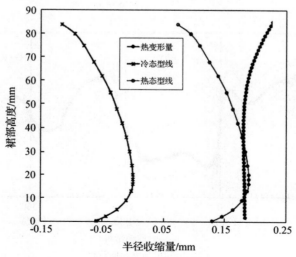

图 6.37 活塞裙部型线

6.7.6 活塞二阶运动结果分析

6.7.6.1 活塞运动摆角和径向位移

图 6.38 分别给出了活塞绕活塞销转动和活塞径向运动位移曲线，其中 0°为爆发上止点。在 15°曲轴转角时刻，内冷油腔活塞摆动角度最大，其最大摆角为 0.099°，而内腔喷油冷却活塞在 26°曲轴转角时刻，活塞摆动角度最大，其值相对于内冷油腔冷却活塞减小了 0.028°。

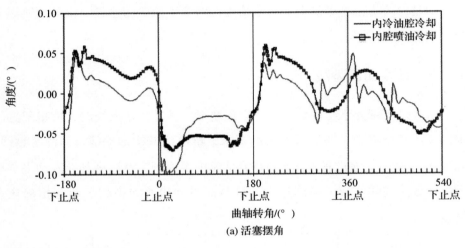

(a) 活塞摆角

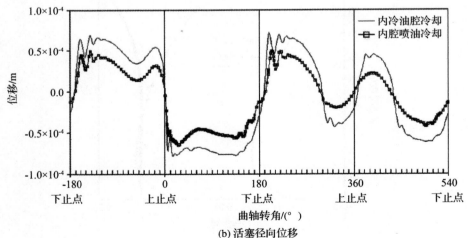

(b) 活塞径向位移

图 6.38　活塞绕活塞销转动和活塞径向运动

从图 6.38（b）中可以看出，内腔喷油冷却活塞径向运动位移比内冷油腔冷却活塞小 0.013 1 mm。由此可知，由于内冷的活塞温度低热膨胀小，内冷油腔冷却活塞相对于内腔喷油冷却活塞的摆角和径向位移都增大。

6.7.6.2　活塞裙部侧向力及压力

活塞裙部侧向力如图 6.39 所示，其中，内冷油腔冷却活塞裙部最大侧向力为 14 470 N，其位置在燃烧上止点后约 15° 曲轴转角；而内腔喷油冷却活塞裙部最大侧向力明显较大，值为 15 086 N，发生在燃烧上止点后约 25° 曲轴转角。活塞裙部遭受最大侧向力的同时活塞摆动角度达到最大，且活塞头部摆向次推力侧，活塞裙部则摆向主推力侧。此时，活塞头部没有与缸套接触。

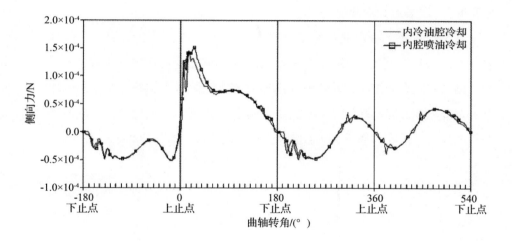

图 6.39　活塞裙部侧向力

图 6.40 显示了在整个循环活塞裙部受到的最大压力（包含接触压力及油膜压力）分布情况。从图中可以看出，内冷油腔冷却活塞裙部最大压力在主推力侧中上部，最大压力为 8.97 MPa。而内腔喷油冷却活塞裙部最大压力发生在裙部次推力侧中上部，活塞裙部的最大压力明显小于内冷油腔冷却活塞裙部最大压力，但都在允许值范围之内。

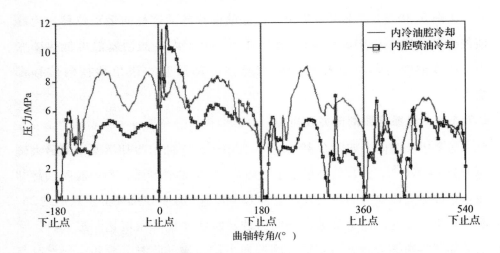

图 6.40　活塞裙部的最大压力

6.7.6.3　活塞敲击能量

　　活塞二阶运动敲击能量是活塞横向运动动能和转动动能的综合体现,反映了活塞与缸套间的敲击状况,是评估发动机敲击、噪声及缸套穴蚀的重要参数。活塞对缸套敲击能量的峰值及循环内的总能量越小越好。内冷油腔冷却活塞和内腔喷油冷却活塞的敲击动能曲线如图 6.41 所示。由此可知,内腔喷油冷却活塞比内冷油腔冷却活塞敲击能量更小,内冷油腔冷却活塞敲击噪声略大。

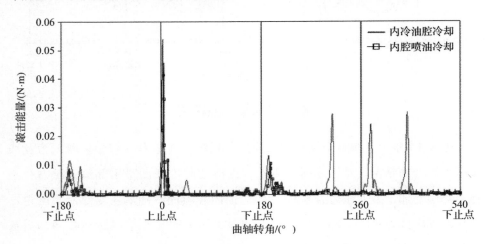

图 6.41　活塞二阶运动敲击能量

6.7.6.4　活塞摩擦磨损

模拟结果显示内腔喷油冷却活塞裙部最大累积磨损载荷相对于内冷油腔冷却活塞明显增大，最大累积磨损载荷位置如图 6.42 所示。相对比内冷油腔喷油冷却，内腔喷油冷却活塞裙部主推力侧磨损位置发生变化，值变化不大，但裙部次推力侧的值变化比较明显。最大累积磨损载荷过大会增加裙部发生非正常磨损的风险。而且图 6.43 显示，内腔喷油冷却活塞的裙部摩擦损失相对于内冷油腔冷却活塞明显增大，降低了活塞的机械效率和有效功。

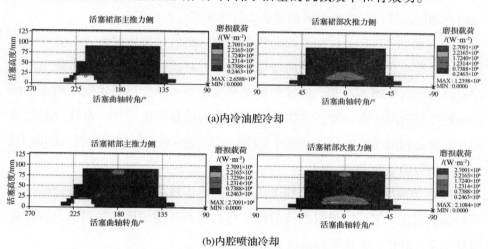

图 6.42　活塞裙部循环累积磨损载荷

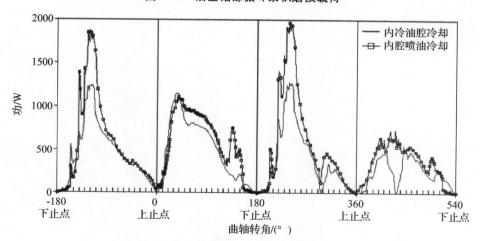

图 6.43　活塞裙部摩擦损失

6.8 本章小结

本章通过模拟计算研究了内冷油腔结构对活塞可靠性的影响,探讨了内冷油腔的冷却效果,得出以下结论。

(1)内冷油腔的使用降低了整个活塞的温度,且在结构强度允许的范围内,内冷油腔在活塞头部的位置越高,活塞头部热负荷越低,冷却效果越好。且内冷油腔的使用对燃烧室喉口的热负荷和强度也有所影响。

(2)研究还发现,内冷油腔的使用使得活塞结构发生改变,活塞的温度梯度随之改变,使得活塞的轴向变形量减小。对比研究,可以看出采用内冷油腔冷却比内腔喷油冷却,活塞的温度梯度较小,热变形量也随之减小。内冷油腔冷却后的活塞运动,其摆角幅值和横向位移幅值较大,由此引起的活塞与缸套之间的作用力减小。内冷油腔的使用使得活塞摩擦、磨损、侧向力、裙部压力等明显改善。

(3)镶圈内冷一体活塞结构避免了应力集中现象,既可以通过内冷油腔降低活塞温度,又可以通过镶圈的使用达到提高环槽耐磨性的目的,有效地提高了第一环槽和燃烧室的强度。

第7章　新型动态可视化试验台

随着燃油机械向低排放、高强度方面的发展，对活塞的机械性能和散热效果提出了更高的要求。活塞在缸体中高速往复运动，并处于高温燃烧气体环境中，使得活塞的温度较高。为了降低活塞在工作时的温度，活塞内设置有内冷油道，通过向内冷油道内喷入冷却油液，实现对活塞的降温目的。内冷油道的形状和尺寸大小，不仅会影响活塞的散热能力，而且还会影响活塞的机械强度，因此设计出合理尺寸和形状的油道，有利于活塞长期稳定工作。

目前，活塞内冷油道的设计和试验，只能针对每一种内冷油道，设计出规范尺寸的活塞，然后将活塞装到气缸上进行实验，不仅增加了设计成本，而且也延长了试验周期。如果能在与活塞相同材质的坯料上加工出待试验的内冷油道，并让坯料模拟活塞的运动状态和工作环境，通过测试坯料上内冷油道的散热效果，将会降低试验成本和缩短试验时间。

7.1　试验台简介

新型试验台主要为了测试活塞内冷油道冷却能力，试验台主要设备包括驱动电机、燃油发动机、活塞坯料、可控喷油嘴、透明防溅罩和加热电源。驱动电机的输出轴经连接轴与燃油发动机的曲轴相连接，燃油发动机的曲轴经连杆连接有活塞；活塞坯料中设置有内冷油道，透明防溅罩为内部中空且两端开口的圆筒；透明防溅罩固定于活塞的下方，活塞坯料设置于透明防溅罩中，活塞坯料经固定杆与活塞相连接，活塞坯料的下方固定有与其内冷油道相通的进油管和回油管，活塞坯料的外围缠绕有加热电阻丝；可控喷油嘴固定于进油管的下方，用于向活塞坯料的内冷油道中喷入冷却油液。

试验台加热电源由交流电源和可调变压器组成，透明防溅罩的内壁上沿其长度方向设置有两根电极导杆，两根电极导杆上均设置有可上下运动的导电刷；交流电源与可调变压器的输入端相连接，可调变压器的输出端分别与两根电极导杆相连接，两导电刷经导线分别与加热电阻丝的两端相连接；所述活塞坯料上设置有对其温度进行检测的温度传感器。试验台透明防溅罩的下方设置有接油盘，接油盘对使用完毕的冷却液进行存储。

待测试的活塞坯料通过固定杆与燃油发动机上的活塞相连接，实现了待测试活塞坯料与活塞的同步运动，使得活塞坯料模拟出与实际活塞的同步运动。通过在透明防溅罩中设置两电极导杆，且电极导杆上的导电刷经导线与活塞坯料上的加热电阻丝相连接，通过导电刷在电极导杆上的上下运动，实现了活塞坯料上下往复运动过程中对加热电阻丝的供电，实现了对活塞坯料所处高温环境的模拟。由于无须加工与实际活塞相同尺寸的工件，在活塞坯料上加工待测试的内冷油道即可，既降低了试验成本，又缩短了试验时间，有益效果显著，适于应用推广。

试验台由工作台、调节块、缸套、活塞、驱动电机、曲轴、连杆、喷嘴、流量计、液压站、液压站控制面板、电机控制面板组成。工作台起固定和支撑作用，调节块设置于工作台上，并可在工作台的上平面内移动。缸套位于调节块的上方，活塞位于缸套中，缸套中设置有内冷油腔，内冷油腔由进油道、横腔和出油道组成，进油道、出油道的开口均朝下，进油道和出油道均与横腔相通。

喷嘴固定于调节块上，通过移动调节块，可使喷嘴的轴线与进油道的轴线在同一直线上，以便喷嘴喷出的冷却液最大限度地进入内冷油腔中。喷嘴经管路与液压站相连接，液压站控制面板实现对冷却液液压系统的管理，如设定冷却液的温度、压力。

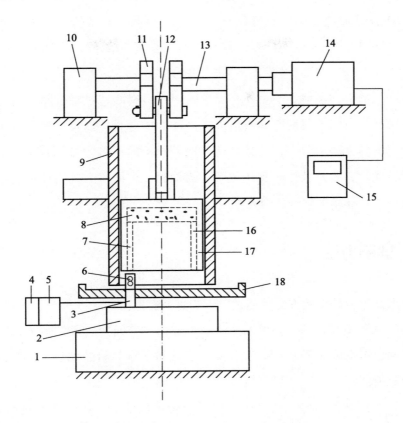

1—工作台；2—缸套；3—调节块；4—活塞；5—驱动电机；6—曲轴；7—连杆；8—喷嘴；

9—流量计；10—进油道；11—横腔；12—出油道；13—液压站控制面板；14—液压站控制面板；

15—电机控制面板；16—接油盘；17—平衡块；18—固定座

图 7.1　新型试验台原理图

驱动电机位于缸套的上方，其可采用伺服电机；驱动电机通过电机控制面板控制运行，如对电机进行调速。通过对液压站控制面板和电机控制面板的设定，可将活塞运动至最低点的时刻作为起始参考点（如此时曲轴的转动角度定义为零度），以便多次测量的同步。

曲轴与驱动电机的输出轴相固定，曲轴通过固定座进行固定，以保证曲轴在驱动电机的带动下平稳转动。图 7.1 所示的曲轴上固定有两间隔设置的平衡块，连杆的上端位于两平衡块之间，下端与活塞相铰接，这样，曲轴和连杆就形成了曲柄连杆机构，使得驱动电机转动的过程中，可驱使活塞在缸套内做往复运动。两平衡块实现对连杆的限位，保证连杆的平稳运动。

缸套、活塞均采用透明材质，如透明树脂材料。通过将缸套、活塞设置为透明形式，有利于观察冷却液进出内冷油腔的过程，以及观察和分析内冷油腔中气泡的大小、分布，并计算含气率。所示的流量计对进、出冷却液的流量进行测量，流量计可设置于喷嘴、进油道、出油道上，通过对进出流量的测量，可计算出捕捉率、填充率。

7.2　试验方法

新型试验台的试验方法，通过以下步骤来实现：

（1）输出电压调节，将可调变压器的输出调节至某一固定值 U，以使加热电阻丝以恒定的功率 $P = U^2/R$ 发热，实现对活塞坯料的加热，R 为加热电阻丝的阻值。

（2）模拟活塞运动，启动驱动电机以带动燃油发动机的曲轴进行转动，进而使得活塞通过固定杆带动活塞坯料进行同步运动。

（3）活塞坯料冷却，在活塞坯料加热和上下往复运动的过程中，通过周期性地开启可控喷油嘴向内冷油道中喷入冷却油液，以实现对活塞坯料的冷却降温。

（4）计算带走热量，试验过程中，周期性地采集流入至接油盘上冷却油液的温度，设其平均值为 t_1；试验结束后，称量流至接油盘中油液的质量，设置为 m；则通过公式（7.1）计算冷却油液从活塞坯料的内冷油道带走的热量 Q：

$$Q = c \cdot m \cdot (t_1 - t_0) \qquad (7.1)$$

其中，c 为冷却油液的比热容；t_0 为从可控喷油嘴喷出的冷却油液的温度。

（5）判断散热是否均衡，设试验时长为 T_0，通过公式（7.2）的计算结果判断活塞坯料的吸热和散热是否均衡：

$$\Delta Q = U^2/R \cdot T_0 - Q = U^2/R \cdot T_0 - c \cdot m \cdot (t_1 - t_0) \tag{7.2}$$

如果计算结果 ΔQ 的大小在合理的热量损失范围之内，则表明具有目前内冷油道结构的活塞坯料散热是均匀的；如果 ΔQ 的值过大，则表明具有目前内冷油道结构的活塞坯料散热性能不佳。

（6）温度采集，在试验过程中，通过温度传感器周期性地采集活塞坯料的温度，设其温度值分别为 T_1，T_2，$\cdots$，T_n；并判断所检测的温度值是否超过了活塞坯料的最高限定温度，如果存在超过的温度值，则表明具有目前内冷油道结构的活塞坯料不满足当前发热条件下的散热。

（7）可变发热功率试验，逐级增大可调变压器的输出，每增大一次均进行步骤（2）至步骤（6）的试验，以分析具有目前内冷油道结构的活塞坯料所能承受的最大发热范围。

7.3 动态可视化打靶试验简介

动态可视化打靶试验台主要包括工作台、缸套、活塞、驱动电机和液压站。缸套位于工作台的上方，活塞置于缸套中，驱动电机的输出轴上固定有曲轴，曲轴上固定有驱使活塞往复运动的连杆；活塞中设置有内冷油腔，内冷油腔由横腔及与其相通的进油道、出油道组成，进油道、出油道的开口均朝下；工作台上设置有可在平面内移动的调节块，调节块上固定有喷嘴，喷嘴经管路与液压站相连接，通过移动调节块使喷嘴轴线与进油道轴线在同一直线上，以便向进油道中喷入冷却液。

试验台的缸套和活塞均由透明材料构成，以便观察活塞往复运动过程中冷却液进出内冷油腔的过程，以及观察和分析内冷油腔中气泡分布、大小，以计算含气率；包括可装于喷嘴出口、进油道进口、出油道出口上的流量计，通过流量计对喷嘴出口流量、进油道进口流量、出油道出口流量的计量，以计算出冷却过程中的捕捉率和填充率。

动态可视化打靶试验台的主要特征包括用于对液压站的工作状态进行控制的液压站控制面板、用于对驱动电机的工作状态进行控制的电机控制面板，在液压站控制面板和电机控制面板的控制作用下，使得活塞往复运动和喷嘴的喷油同步进行。

动态可视化打靶试验台缸套的下方设置有用于收集冷却液的接油盘，接油盘上设置有与液压站相连的管路，以便将收集的冷却液回流至液压站中。动态可视化打靶试验台的曲轴通过两固定座进行固定，以保证曲轴的转动；曲轴上固定有两平衡块，连杆位于两平衡块之间。

动态可视化打靶试验台的试验方法通过以下步骤来实现：

（1）喷嘴流量测量，将流量计安装于喷嘴上，启动驱动电机，通过流量计测量出喷嘴出口流量，设喷嘴出口流量为 q_{jet}。

（2）进入流量测量，将流量计从喷嘴上移除，然后将其安装于进油道的进口上，启动驱动电机，待运行平稳后，通过流量计测量 T 时间段内油腔进口流量，设为 $q(t)_{in}$。

（3）流出流量测量，将流量计从进油道的进口上移除，然后将其安装于出油道的出口上，启动驱动电机，待运行平稳后，通过流量计测量 T 时间段内油腔出口流量，设为 $q(t)_{out}$。

（4）捕捉率、填充率的计算，通过公式（7.3）计算捕捉率 η：

$$\eta = \frac{q_{in}}{q_{jet}} \times 100\% \tag{7.3}$$

通过公式（7.4）计算填充率 ψ：

$$\psi = \frac{\int_0^T q_{in} dt - \int_0^T q_{out} dt}{V_{cc}} \times 100\% \tag{7.4}$$

其中，V_{cc} 为内冷油腔的容积。

（5）采集油腔图像，启动驱动电机，待系统运行平稳后，利用高清摄像机采集内冷油腔的高清图像。

（6）计算含气率，通过对采集图像的分析，将横腔中的气泡标记出来，

设气泡的总数目为 n 个，并估算出每个气泡的半径，设气泡的半径为 r_1，r_2，$\cdots$，r_n，通过公式（7.5）计算冷却油腔的含气率 ξ：

$$\xi = \frac{\sum\limits_{i=1}^{n} \frac{4}{3}\pi r^3}{V_{DD}} \tag{7.5}$$

其中，V_{DD} 为横腔的容积。

第 8 章　总结与展望

8.1　主要结论

柴油机在功率不断提升的过程中，活塞热负荷越来越高，振荡冷却作为一种高效的降低活塞热负荷的技术措施，在高强化活塞中得到广泛应用。本书从数值模拟、实验研究与理论分析三方面对内冷油腔中多相流振荡流动与传热特性进行了系统的分析，通过对冷却液的喷射条件、活塞的温度分布、油腔中流体的流动及冷却效果等进行系统的分析，并利用有限单元法和有限体积法等在温度场、流场及传热过程数值仿真分析等领域开展大量计算分析工作，对振荡强化传热机理做了深入研究，主要结论如下。

（1）从冷却液入射及循环特性的试验和模拟研究得出以下结论。

本书针对无喷嘴倾角的活塞油腔冷却进行研究，所使用的捕捉率、填充率等理论遵循质量守恒定律，而射流模型则是在动量定理的基础上进行推导。通过研究发现：模拟计算得到的喷流扩展角与实验值吻合良好；喷口附近核心区速度的最大值不在中心，且随着压力增加，核心区速度最大值的速度梯度增大；随喷流截面和喷口距离的增加，截面轴心速度的作用越来越小，喷流径向截面速度的衰减越来越平缓。且喷流截面速度随喷流径向截面位置的改变，其分布规律具有相似性；流体喷入空气后，随着机油与空气进行的质量和能量剧烈交换，截面轴心速度衰减加剧，造成喷流速度急剧下降；建立冷却液由喷嘴喷出到油腔入口段的集束层流非淹没射流模型，由此可知，流速、流量、喷油压力、喷嘴半径以及扩展角对内冷油腔进油口的捕捉率皆产生影响，进而影响内冷油腔的静态填充率和往复运动时内冷油腔的壁面覆盖率而影响传热。

（2）从油腔中冷却液振荡流动形态的试验研究得出以下结论。

本书在静态打靶试验的基础上，建立了动态可视化打靶试验台，通过试验研究了转速、填充率、喷油压力、机油黏度、气相密度、内冷油腔大小和截面形状等因素对内冷油腔内两相流流动形态的影响。

通过对比可以看出：通过试验直接观察判别流型，对流型进行分析是研究内冷油腔传热一种可行的办法。发动机转速较低时，内冷油腔内两相流以波状流为主，随着发动机转速增加，"液塞"现象越明显。发动机转速越高，机油振荡越剧烈，内冷油腔内两相流流动形态越复杂。通过对不同喷油压力下内冷油腔内流动形态的对比发现，喷油压力对油腔内的流动影响甚微。两相流的介质物性与其流动形态的发展有密切联系。喷油温度不同，直接导致了内冷油腔内液相黏度的改变。液相黏度增大，加速了流型的改变，使得出现"液塞"现象所需的发动机转速降低。内冷油腔的形状对其运动形态和机油的面积覆盖率影响都较大。腰形内冷油腔的机油比较明显的现象是，大部分循环中，内冷油腔上行时，右侧的机油比较早地撞向油腔顶部，下行时，则是左侧比较早地撞向底部。机油在油腔顶部时呈现明显的波浪状，在油腔底部不同的循环则呈现不同的状态，而且其形成"液塞"的部位大多集中在90°和270°附近。椭圆形内冷油腔内的机油，形成"液塞"趋势的位置比较多，并非在上止点和下止点换向时出现，而且到达上止点时，机油全部积聚在油腔顶部，很明显呈现出的波浪状，一般都比较规则。而水滴形内冷油腔下行时，大多数循环中都是靠近内冷油腔进出油口的机油先向下形成"液塞"，从而中间形成一个比较大的空白。

内冷油腔内两相流的流动形态和转变明显受到发动机转速、液相温度和内冷油腔的形状的影响，这一结论为内冷油腔内两相流流动和传热的研究提供了试验依据。

（3）从油腔中冷却液振荡流动特性的研究得出以下结论。

通过仿真结果与可视化试验结果的对比显示，数值模拟结果与试验数据比较吻合，表明数值模拟结果是有效的。通过数值模拟得出内冷油腔不同壁面的传热随曲轴转角的变化规律。对比发现，内冷油腔上下壁面的传热系数，随曲轴转角的变化规律正好相反；内冷油腔内外壁面的传热规律一致；通过对比不同发动机转速、喷油条件、不同内冷油腔结构下，内冷油腔内机油覆盖率和壁面传热系数随曲轴转角的变化规律，可以看出喷油温度通过改变机油的黏温特性，改变其在内冷油腔内的覆盖面积而改变传热特性；转速不同，机油在内冷油腔内的振荡强度改变，从而改变湍流强度而改变传热特性；内冷油腔大小、结构的改变，直接影响机油的多少和分布，从而影响换热效果；计算中没有考虑轴向平面中气液界面的变化，分析中将其假定为界面为水平面。实际上当发动机转速较低时，振荡特性不是特别明显，此时轴向平面的两相间呈现出的是不规则的界面。从模拟结果和试验结果的对比可以看出，水平界面的假设加大了模拟与实际数值的误差，所以在以后深入探讨流动形态的转变机理时，需要更加精准地确定轴向界面，然后结合可视化试验的直观验证更为可靠。

（4）从内冷油腔传热关联式的建立和冷却效果研究分析得出以下结论。

本书主要探讨了无量纲量之间的关系，建立了对流传热系数的预测模型，并将其计算值与数值模拟结果进行对比，然后通过温度场变化间接进行验证。可以看出建立对流换热准则关联式是内冷油腔传热研究中可行有效的方式。内冷油腔传热系数预测模型可以有效预测不同发动机转速、不同缸径、不同机油温度时活塞冷油腔内流体的对流传热系数，为活塞内冷油腔的设计提供理论基础。

本书还利用有限元分析软件和疲劳软件对活塞表面温度、应力和结构强度进行计算分析。通过以上研究得出冷却效果各影响因素的变化。内冷油腔的使用降低了整个活塞的温度，且在结构强度允许的范围内，内冷油腔在活塞头部的位置越高，活塞头部热负荷越低，冷却效果越好，且内冷油腔的使用对燃烧室喉口的热负荷和强度也有所影响；研究还发现，内冷油腔的使用使得活塞结构发生改变，活塞的温度梯度随之改变，使得活塞的轴向变形量减小。对比研究，可以看出采用内冷油腔冷却比内腔喷油冷却，活塞的温度梯度较小，热变形量也随之减小。内冷油腔冷却后的活塞运动，其摆角幅值和横向位移幅值较大，由此引起的活塞与缸套之间的作用力减小。内冷油腔的使用使得活塞摩擦、磨损、侧向力、裙部压力等明显改善。但是，也会导致活塞敲击噪声增大、二阶运动平稳性也有所降低，因此还需要对活塞的裙部型线进行相应的优化。镶圈内冷一体活塞结构避免了应力集中现象，既可以通过内冷油腔降低活塞温度，又可以通过镶圈的使用达到提高环槽耐磨性的目的，有效地提高了第一环槽和燃烧室的强度。

8.2　工作展望

本书对内冷油腔内两相流的流动和传热进行了研究。通过搭建试验台架，对比不同运行工况下的试验结果研究了流型分布；利用计算流体力学软件，建立内冷油腔运动模型，模拟分析了传热规律。然而，受本人水平、试验条件和时间所限，本书的研究存在一些不足之处，还有很多工作需要进一步完善。进一步的研究可从以下几个方面着手。

（1）国内外专家学者基于高速摄录系统和图像处理技术对多相流的流型、含气率、流型转换、速度场以及压降等方面进行了较多的研究[170-171]。在流型研究方面，利用高速摄像系统记录直管道[172-173]内多相流的流动图像，经过图像处理后，提取图像灰度共生矩阵的纹理特征，进而建立流型图像的灰度共生矩阵纹理特征向量，并以此特征向量作为流型样本对支持向量机进行训练，实现对流动图像的流型智能化识别。对于环形管道[174]可以通过差影法、梯度校准以及滤波等数字图像处理技术进行研究，上述技术对高速摄像的拍摄参数有严格的要求；在气泡研究方面，利用高速摄录系统，结合数字图像处理技术，采用流型演化图像纹理结构特征定量化分析方法，探索两相流流型的时空演化规律[175]；在空隙率研究方面，结合高速摄录系统和数值模拟的结果，对某一流型进行空隙率分析[176]。国内外的这些研究奠定了不同截面形状管内多相流流动形态的研究基础。

后续研究中可以利用高速摄录系统记录环形道内多相流的流动图像，经过图像处理后，提取图像灰度共生矩阵的纹理特征，进而建立流型图像的灰度共生矩阵纹理特征向量，并以此特征向量作为流型样本对支持向量机进行训练，实现对流动图像的流型智能化识别。并结合数字图像处理技术，采用流型演化图像纹理结构特征定量化分析方法，探索两相流流型的时空演化规律。还可以利用 PIV 试验分析多相流的流动速度，建立往复运动管内振荡多相流的速度计算公式。

利用三维粒子图像测速系统（2D – 3c PIV）测量往复运动管内流体流速的分布。该系统工作时两路脉冲激光依次射入到布撒示踪粒子的流场区域，通过两次曝光记录下粒子图像，并采用自相关和互相关算法逐点处理记录的图像，获得瞬态流场结构，如图 8.1 所示。通过测量散播于流场的粒子在某时间间隔内的位移来获得流场的速度矢量分布。结合不同流动形态的边界条件和压力梯度公式，建立管内振荡流的速度计算公式，阐明往复运动管内流动形态和多相流流速之间的关系。

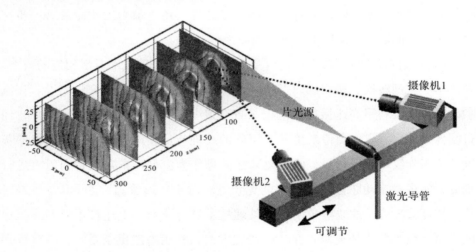

图 8.1 三维 PIV 系统的工作原理示意图

（2）可视化试验方面，受试验台架的条件限制和单缸机动力平衡性的影响，只能进行怠速时的试验研究，如何进行高转速下内冷油腔内两相流流动和传热的可视化研究是后续研究的重点工作。另外，还可以根据可视化试验中得到的气泡分布、大小、含气率以及各相折算速度等绘制流体流型图，进而判断相应条件下的流型。试验后，对图像进行消噪增强处理，分割、腐蚀，检测气泡边缘，然后用标记算法对气泡中心区域进行填充，确定气泡大小及分布，结合液流截面得出冷却液的含气率，对两相流分布的结果进行量化分析。可视化试验系统如图 8.2 所示。

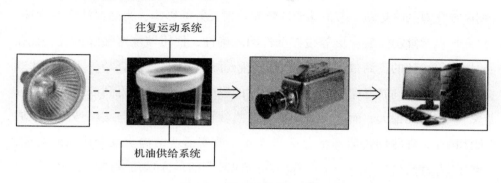

图 8.2　可视化试验系统图

（3）传热方面，根据相似原理设计传热试验，测量油腔中冷却液循环时的平均对流换热系数，为传热系数的预测提供试验基础，并对文中建立的关联式和模拟仿真值进行直接验证。对流换热系数测试试验初步设计为：将瞬态打靶试验中的活塞换成内冷油腔形状的紫铜管，其上布置 8 对热电偶，2 对插入进出口中，另外 6 对均匀焊接在打孔管壁上，油腔管外均匀缠绕用于加热的镍扁丝，用可调压电源进行加热，镍丝外裹紧玻璃纤维材料实现对外绝缘。试验时，将紫铜管加热到设定温度，油泵供给机油，电机带动油腔往复运动，由热电偶测量进出口流体温度及管壁温度，出口处流量计测量冷却液流量，结合加热功率及液流截面积等由牛顿冷却公式得到循环过程中的平均对流换热系数。

（4）发动机工作时，活塞在气缸中往复运动，在上下止点换向时刻以及冲程中间时刻由于惯性力方向的改变而产生横向挤压效应，进而引发弹性变形。活塞某一区域在外载作用下抵抗弹性变形的能力，可用刚度特性来描述。活塞裙部刚度是活塞动力学分析所必须考虑的重要因素，它的大小会影响活塞的二阶运动和受力状态，刚度过高，不但可能导致裙部接触压力过大，引起拉缸，而且还会增加活塞的重量，造成发动机噪声增加；刚度过小将导致裙部磨损加剧和强度不足，使摩擦损失增大，甚至引起裙部塌陷。用矩阵来描述活塞的径向刚度，并在试验台架上对不同位置加载，测得规定点处的变形量，从而确定活塞整体刚度的分布情况。利用建立的动力学模型分析活塞刚度变化对二阶运动、敲击动能及摩擦功损失等的影响，为确保活塞温度场、热变形以及缸套安装变形等边界条件的准确性，使用硬度塞测温试验、缸孔轮廓仪等得到的实测数据对模拟过程进行标定和验证，计算结果表明：活塞动力学分析要同时考虑缸套和活塞刚度的影响，否则计算得到的活塞摆角偏小，摩擦损失偏大，而敲击动能则随着曲轴转角的不同而与实际情况产生周期性偏差，有些偏差值甚至会达到70%；改变活塞结构会改变活塞的刚度，通常当裙部刚度增大后，活塞在每个换向时刻的最大摆角会减小，同时在每个敲击时刻的敲击能量峰值也会减小。内冷油腔对活塞热负荷影响较大，因此，内冷油腔结构改变对活塞裙部刚度的影响也是一个研究方向，对发动机的经济性、可靠性以及安全性等都有着非常重要的意义。

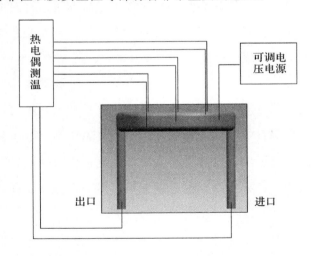

图8.3　测试加热段系统图

（5）在已有控制方程和模拟软件的基础上建立内冷油腔运动过程中两相流的流动模型。流动模型的适用性对流动传热的数值求解具有重要的影响，因此集成专用的传热控制方程可提高计算的准确性，目前在热管传热领域已有应用，效果显著。

（6）建立数学模型，采用优化算法，设计不同管道截面型线，利用管内摩擦阻力试验，确定不同往复运动条件下的沿程摩阻系数，分析在不同影响条件下的管道截面型线对流动形态的影响，进而分析不同型线下的多相流流动特性。

参 考 文 献

[1] Kenningley S, Morgenstern R. Thermal and mechanical loading in the combustion bowl region of light vehicle diesel AlSiCuNiMg pistons; reviewed with emphasis on advanced finite element analysis and instrumented engine testing techniques [C]. SAE Technical Paper, 2012 - 01 - 1330.

[2] 张俊红, 何振鹏, 张桂昌, 等. 柴油机活塞热负荷和机械负荷耦合研究 [J]. 内燃机学报, 2011, 29 (1): 78 - 83.

[3] Szmytka F, Salem M, Rézaï-Aria F, et al. Thermal fatigue analysis of automotive diesel piston: experimental procedure and numerical protocol [J]. International Journal of Fatigue, 2015, 73: 48 - 57.

[4] 张宇. 高功率密度柴油机共轭传热基础问题研究 [D]. 杭州: 浙江大学, 2013.

[5] 刘世英. 内燃机活塞机械疲劳损伤与可靠性研究 [D]. 济南: 山东大学, 2007.

[6] Mahle GmbH. Pistons and engine testing [M]. Vieweg Teubner Verlag, 2011.

[7] Luff D C, Law T, Shayler P J, et al. The effect of piston cooling jets on diesel engine piston temperatures, emissions and fuel consumption [J]. SAE International Journal of Engines, 2012, 5 (3): 1300 - 1311.

[8] Yoshikawa T, Reitz R D. Development of an oil gallery cooling model for internal combustion engines considering the cocktail shaker effect [J]. Numerical Heat Transfer, Part A: Applications, 2009, 56 (7): 563 - 578.

[9] 何联格, 左正兴, 向建华. 气泡尺寸对气缸盖沸腾换热的影响 [J]. 内燃机学报, 2013, 31 (001): 72 - 77.

［10］ Torregrosa A J, Olmeda P, Martin J, et al. Experiments on the influence of inlet charge and coolant temperature on performance and emissions of a DI diesel engine ［J］. Experimental Thermal and Fluid Science, 2006, 30（7）: 633 – 641.

［11］杨国来, 周文会, 刘肥. 基于 FLUENT 的高压水射流喷嘴的流场仿真 ［J］. 兰州理工大学学报, 2008, 34（2）: 49 – 52.

［12］ Xia H. Turbulent jet characteristics for axisymmetric and serrated nozzles ［J］. Computers & Fluids, 2015, 110: 189 – 197.

［13］刘丽芳, 黄传真, 朱洪涛, 等. 基于 FLUENT 的非淹没式纯水射流喷嘴 内部流场仿真 ［J］. 制造技术与机床, 2010（10）: 56 – 60.

［14］ Carlomagno G M, Ianiro A. Thermo-fluid-dynamics of submerged jets impinging at short nozzle-to-plate distance: A review ［J］. Experimental thermal and fluid science, 2014, 58: 15 – 35.

［15］ Ayech S B H, Habli S, Saïd N M, et al. A numerical study of a plane turbulent wall jet in a coflow stream ［J］. Journal of Hydro-environment Research, 2016, 12: 16 – 30.

［16］ Goyal S K, Agarwal A K. Experimental and Numerical Investigations of Jet Impingement Cooling of Flat Plate for Controlling the Non-Tail Pipe Emissions From Heavy Duty Diesel Engines ［C］//ASME 2006 Internal Combustion Engine Division Spring Technical Conference. American Society of Mechanical Engineers, 2006: 179 – 186.

［17］ Agarwal A K, Goyal S K. Experimental and numerical investigations of jet impingement cooling of piston of heavy-duty diesel engine for controlling the non-tail pipe emissions ［R］. SAE Technical Paper, 2007.

［18］ Thiel N, Weimar H J, Kamp H, et al. Advanced piston cooling efficiency: a comparison of different new gallery cooling concepts ［R］. SAE Technical Paper, 2007.

[19] 吴义民, 赵旭东, 刘小斌. 重型车用柴油机活塞冷却油腔研究 [J]. 柴油机, 2009, 31 (6): 31－33.

[20] Robinson K. IC engine coolant heat transfer studies [D]. University of Bath, 2001.

[21] E. A. Лазарев, M. Л. Перлов, 袁杰. 对强化柴油机活塞的冷却油腔横截面形状和位置的作用的评价 [J]. 车用发动机, 1983 (3): 42－46.

[22] 李闯, 张翼, 蔡强. 冷却油腔形状对活塞温度场影响 [J]. 煤矿机械, 2016, 37 (3): 82－85.

[23] 韩闪闪. 柴油机活塞结构强度和传热的影响因素研究 [D]. 昆明: 昆明理工大学, 2013.

[24] 马学军, 马呈新, 郭伟. 适应欧 Ⅲ 要求的柴油机活塞结构设计 [J]. 山东内燃机, 2006 (2): 11－13.

[25] 邓君, 钱作勤. 冷却油道对于活塞散热的影响研究 [A]. 中国科技论文在线, 2011.

[26] 谭建松, 俞小莉. 高强化发动机活塞冷却方式仿真 [J] 兵工学报. 2006, 27 (1): 97－100.

[27] 原彦鹏, 王月, 张卫正, 刘畅, 赵维茂. 冷却油腔位置改变对活塞温度场的影响 [J]. 北京理工大学学报. 2008, 28 (7): 585－588.

[28] 吕彩琴, 苏铁熊。活塞冷却油腔位置对活塞强度的影响 [J]. 内燃机. 2009 (1): 4－9.

[29] 冯耀南, 张翼. 振荡油腔位置对柴油机活塞温度场的影响 [J]. 装备制造技术. 2009, (6): 11－13.

[30] Zhang H, Lin Z, Xing J. Temperature field analysis to gasoline engine piston and structure optimization [J]. Journal of theoretical & applied information technology, 2013, 48 (2).

[31] 王经. 气液两相流动态特性的研究 [M]. 上海: 上海交通大学出版社, 2012.

［32］刘夷平．水平油气两相流流型转换及其相界面特性的研究［D］．上海：
上海交通大学．2008.

［33］刘洁净．水平管内油气两相流流型及流型转换的实验和理论研究［D］．
上海：上海交通大学．2010.

［34］Wang J, Francois M X, Guo F Z, et al. Application of the time series analysis
to investigation of void fraction fluctuation in gas-liquid two-phase flow［J］.
Modern techniques and measurements in fluid flows, 1994：531－536.

［35］Kajiwara H, Fujioka Y, Suzuki T, et al. An analytical approach for prediction
of piston temperature distribution in diesel engines［J］. JSAE review, 2002,
23（4）：429－434.

［36］Kajiwara H, Fujioka Y, Negishi H. Prediction of temperatures on pistons with
cooling gallery in diesel engines using CFD tool［R］. SAE Technical Paper,
2003. Wu-Shung Fu, Sin-Hong Lian, Liao-Ying Hao. An Investigation Of
Heat Transfer Of Reciprocating Piston［J］. International Journal of Heat and
Mass Transfer. 2006（47）：4360－4371.

［37］Fu W S, Lian S H, Hao L Y. An investigation of heat transfer of a reciproca-
ting piston［J］. International journal of heat and mass transfer, 2006, 49
（23）：4360－4371.

［38］PAN Jinfeng, Roberto Nigro. Eduardo Matsuo. 3-D Modeling of Heat Trans-
fer in Diesel Engine Piston Cooling Galleries［C］. SAE Paper 2005－01－
1644.

［39］Yong Y, Reddy M, Jarrett M, et al. CFD modeling of the multiphase flow and
heat transfer for piston gallery cooling system［R］. SAE Technical
Paper, 2007.

［40］吴倩文，庞铭，解志民，等．活塞振荡冷却流动传热特性的研究［J］.
农业装备与车辆工程，2015，53（10）：17－22.

［41］吴倩文，张敬晨，庞铭，等．活塞振荡冷却的数值模拟计算及温度场分析

[J]. 车用发动机, 2015 (04): 54 – 59.

[42] Yoshikawa T, Reitz R D. Development of an oil gallery cooling model for internal combustion engines considering the cocktail shaker effect [J]. Numerical Heat Transfer, Part A: Applications, 2009, 56 (7): 563 – 578.

[43] J. Bush, A. London, Design Data for "Cocktail Shaker" Cooled Pistons and Valves, 1965, http://dx. doi. org/10. 4271/650727. SAE Technical Paper 650727.

[44] C. French, Piston Cooling, 1972, http://dx. doi. org/10. 4271/720024. SAE Technical Paper 720024.

[45] G. A. Evans, N. Hay. Heat Transfer Model for the Cocktail Shaker Piston [C]. Vienna: CIMAC, 1979.

[46] Robinson K. IC engine coolant heat transfer studies. [D], Department of Mechanical Engineering, University of Bath, 2001.

[47] Robinson K, Wilson M, Leathard M J, et al. Computational modelling of convective heat transfer in a simulated engine cooling gallery [J]. Proceedings of the Institution of Mechanical Engineers, Part D: Journal of Automobile Engineering, 2007, 221 (9): 1147 – 1157.

[48] Robinson K, Hawley J G, Hammond G P, et al. Convective coolant heat transfer in internal combustion engines [J]. Proceedings of the Institution of Mechanical Engineers, Part D: Journal of Automobile Engineering, 2003, 217 (2): 133 – 146.

[49] S. U. S. Choi, J. A. Eastman. Enhancing Thermal Conductivity of Fluids with Nanoparticles, Dev. and App. , Non-Newtonian Flows, 1995, 231: 99 – 105.

[50] 张亮, 白敏丽, 吕继组, 等. 随活塞同步振动下纳米流体的强化传热特性 [J]. 实验流体力学, 2013, 27 (4): 32 – 39.

[51] Kang S W, Wei W C, Tsai S H, et al. Experimental investigation of silver

nano-fluid on heat pipe thermal performance [J]. Applied Thermal Engineering, 2006, 26 (17): 2377 –2382.

[52] Lai W Y, Vinod S, Phelan P E, et al. Convective heat transfer for water-based alumina nanofluids in a single 1.02-mm tube [J]. Journal of Heat Transfer, 2009, 131 (11): 112401.

[53] Peng W, Jizu L, Minli B, et al. Numerical Simulation on the Flow and Heat Transfer Process of Nanofluids Inside a Piston Cooling Gallery [J]. Numerical Heat Transfer, Part A: Applications, 2014, 65 (4): 378 –400.

[54] 朱海荣, 张卫正, 原彦鹏. 高强化活塞振荡冷却的场协同分析 [J]. 航空动力学报, 2015, 30 (4): 769 –774.

[55] 朱海荣. 气液两相流振荡流动与传热特性研究 [D]. 北京: 北京理工大学, 2015.

[56] 黄荣华, 胡蕾, 徐昆朋, 等. 强制振荡冷却活塞机油温度对流动形态的影响 [J]. 华中科技大学学报: 自然科学版, 2016, 44 (10): 6 –10.

[57] Aguilar J M A, Arroyo R L, Cruz J M. Study of the thermal-structural behavior of a piston diesel with gallery through finite element method [C] ASME 2012 International Mechanical Engineering Congress and Exposition. American Society of Mechanical Engineers, 2012: 759 –767.

[58] 黄泽辉. 活塞振荡油腔换热边界条件的试验研究 [D]. 济南: 山东大学, 2015.

[59] 张志勇, 黄荣华. 发动机活塞温度测量方法综述 [J]. 柴油机设计与制造, 2005, 14 (1): 19 –23.

[60] Lu X, Li Q, Zhang W, et al. Thermal analysis on piston of marine diesel engine [J]. Applied Thermal Engineering, 2013, 50 (1): 168 –176.

[61] 巴林, 刘月辉, 李爱红. 利用进气 CFD 分析改善活塞顶温度计算精度 [J]. 内燃机学报, 2014 (6): 548 –554.

[62] Hendricks T L, Splitter D A, Ghandhi J B. Experimental investigation of pis-

ton heat transfer under conventional diesel and reactivity-controlled compression ignition combustion regimes ［J］. International Journal of Engine Research, 2014, 15 (6): 684 – 705.

［63］Ebrahimi K M, Lewalski A, Pezouvanis A, et al. Piston data telemetry in internal combustion engines ［J］. American Journal of Sensor Technology, 2014, 2 (1): 7 – 12.

［64］邹利亚, 顾善愚. 利用硬度塞对发动机活塞工作温度的测试 ［C］// 2013 中国汽车工程学会年会论文集. 2013.

［65］雷基林, 申立中, 杨永忠, 等. 4100QBZ 型增压柴油机活塞温度场试验研究及有限元分析 ［J］. 内燃机学报, 2007, 25 (5): 65 – 70.

［66］钱作勤, 黄震. 干式缸套柴油机活塞温度的试验测量与数值仿真 ［J］. 武汉理工大学学报 (交通科学与工程版), 2005, 29 (3): 346 – 349.

［67］黄琪, 张力, 杨勇, 等. 内冷油腔活塞热结构分析及应力 – 温度散点图评价 ［J］. 机械强度, 2011, 33 (3): 390 – 395.

［68］彭恩高, 代辉, 黄荣华, 等. 活塞稳态温度与柴油机运行工况的关系研究 ［J］. 华中科技大学学报 (自然科学版), 2016, 44 (5).

［69］Liu J X, Wei C Y, Zhang W Z, et al. Multipoint Infrared Telemetry System for Measuring the Piston Temperature in Internal Combustion Engines ［J］. 北京理工大学学报 (英文版), 2002.

［70］Yuan Y P, Zhou Z Y, Zhang W Z, et al. A Study on Stored Testing and Measuring System for the Temperature Field of a Piston with Small Diameter ［J］. Acta Armamentarll the, 2004.

［71］Wang Q F, Zhang W Z, Guo L P, et al. Study of the infrared telemetry system of the temperature field for a piston with small diameter ［J］. Chinese Internal Combustion Engine Engineering, 2004, 25 (5): 60 – 62.

［72］崔云先, 赵家慧, 刘友, 等. 内燃机活塞表面瞬态温度传感器的研制 ［J］. 中国机械工程, 2015, 26 (9): 1142 – 1147.

［73］Jos，M. Martins Leites and Roberto C. De Camargo. Articulated Piston Cooling Optimization ［C］. SAE 930276.

［74］马学军，马呈新，郭伟. 适应欧 III 要求的柴油机活塞结构设计 ［J］. 内燃机与动力装置，2006，2：002.

［75］Torregrosa A J, Broatch A, Olmeda P, et al. A contribution to film coefficient estimation in piston cooling galleries ［J］. Experimental Thermal & Fluid Science, 2010, 34 （2）：142 – 151.

［76］Torregrosa A, Olmeda P, Degraeuwe B, et al. A concise wall temperature model for DI Diesel engines ［J］. Applied Thermal Engineering, 2006, 26 （11 – 12）：1320 – 1327.

［77］Pachernegg S. J. Heat Flow in Engine Pistons ［J］. SAE Transactions, 1968, 76：2995 – 3030.

［78］Agarwal A K, Goyal S K, Srivastava D K. Time resolved numerical modeling of oil jet cooling of a medium duty diesel engine piston ［J］. International Communications in Heat and Mass Transfer, 2011, 38 （8）：1080 – 1085.

［79］李强. 纳米流体强化传热机理研究 ［D］. 南京：南京理工大学，2004.

［80］张邵波. 纳米流体强化传热的实验和数值模拟研究 ［D］. 杭州：浙江大学，2009.

［81］Woschni G, Fieger J. Determination of Local Heat Transfer Coefficients at the Piston of a High Speed Diesel Engine by Evaluation of Measured Temperature Distribution ［C］// Sae International Off-Highway and Powerplant Congress and Exposition. 1979.

［82］Woschni G, Fieger J. Determination of piston Local Heat Transfer Coefficient for High Speed Diesel Engine through the calculation and measurement of Temperature Field ［J］. Vehicle Engine. 1979, （3）：35 – 43.

［83］Woschni G, Lvtieshan. Experimental Study on High Speed Diesel Piston and Cylinder Liner Heat Flux ［J］. Vehicle Engine. 1979, （2）：16 – 23.

[84] 张晴岚，潘士荣. 组合活塞振荡冷却的改进 [J]. 内燃机车，1982 (5)：1 - 7.

[85] Suzuki Y. Pistons for Automotive Engines (in Japanese), Tokyo, SANKAI-DO, P81, 1997.

[86] T. L. Yang, S. W. Chang, L. M. Su, et al. Heat Transfer of Confined Impinging Jet onto Spherically Concave Surface with Piston Cooling Application [J]. JSME International Journal, Series B：Fluids and thermal engineering, 1999, 42 (2)：238 - 248.

[87] S. W. Chang, L. M. Su, W. D. Morris, et al. Heat Transfer in a Smooth-Walled Reciprocating Anti-Gravity Open Thermosyphon [J]. International Journal of Thermal Science, 2003, 42：1089 - 1103.

[88] S. W. Chang, Y. Zheng. Heat Transfer in Reciprocating Planar Curved Tube with Piston Cooling Application [J]. ASME Journal of Gas Turbine and Power, 2006, 128：219 - 229.

[89] N. T. Nozawa Yu, Tomohisa Yamada, Yoshitaka Takeuchi, Kenta Akimoto. Development of Techniques for Improving Piston Cooling Performance (First Report) -measurement of Heat Absorption Characteristics by Engine Oil in Cooling Channel, 2005. SAE Technical Paper 2005 - 08 - 0372.

[90] Y. Takeuchi, K. Akimoto, T. Noda, Y. Nozawa, T. Yamada. Development of Techniques for Improving Piston Cooling Performance (Second Report) -oil Movement and Heat Transfer Simulation in Piston Cooling Channel with CFD, 2005. SAE Technical Paper 2005 - 08 - 0373.

[91] Lv J, Wang P, Bai M, et al. Experimental visualization of gas-liquid two-phase flow during reciprocating motion [J]. Applied Thermal Engineering, 2015, 79：63 - 73.

[92] Lv J, Wang P, Bai M, et al. Experimental visualization of gas-liquid-solid three-phase flow during reciprocating motion [J]. Experimental Thermal and

Fluid Science, 2017, 80: 155 - 167.

[93] 张亮, 白敏丽. 往复振荡对活塞冷却油腔内纳米流体传热及流动特性的影响 [J]. 振动与冲击, 2017, 36 (05): 192 - 198.

[94] 陈卓烈. 活塞内冷油腔两相流振荡换热特性分析及实验研究 [D]. 杭州: 浙江大学, 2020.

[95] Agarwal A K, Varghese M B. Numerical investigations of piston cooling using oil jet in heavy duty diesel engines [J]. International Journal of Engine Research, 2006, 7 (5): 411 - 421.

[96] Leites J M M. Heat Flow in an Articulated Piston [R]. SAE Technical Paper, 1989.

[97] 杨万里, 许敏, 辛军, 等. 发动机缸盖耦合热应力分析 [J]. 内燃机工程, 2007, 28 (2).

[98] 楼狄明, 张志颖, 王礼丽. 机车柴油机组合活塞的换热边界条件及热负荷 [J]. 同济大学学报 (自然科学版), 2005, 33 (5).

[99] 薛明德, 丁宏伟, 王利华. 柴油机活塞的温度场、热变形与应力三维有限元分析 [J]. 兵工学报, 2001, 22 (1): 11 - 14.

[100] 王忠瑜. 活塞的传热和热强度研究 [D]. 重庆: 重庆大学, 2002.

[101] 原彦鹏, 张卫正, 程晓果, 等. 高强化内燃机活塞瞬态温度场分布规律研究 [J]. 内燃机工程, 2005, 26 (4): 35 - 38.

[102] 李冠男. 活塞的三维稳态热分析及热强度计算 [D]. 哈尔滨: 哈尔滨工程大学, 2006.

[103] 童宝宏, 张强. 不同工况下柴油机活塞变形的三维有限元分析 [J]. 农业工程学报, 2010, 26 (9): 159 - 163. 9 - 151.

[104] 胡志华, 李劲松. 冷却油腔截面积对柴油机温度场的影响 [J]. 煤矿机械, 2014, 35 (12): 14.

[105] 张昭, 杜冬梅, 刘世英. 基于热分析的活塞头部设计规律及优化 [J]. 电力科学与工程, 2014, 30 (4): 61 - 65.

［106］Zheng Q P, Ma C Y, Zhang J Z. Finite Element Analysis of the Piston Thermal Load in a Diesel Engine ［J］. Applied Mechanics & Materials, 2014, 459（1）: 304 – 309.

［107］郑清平, 张盼盼, 马春燕, 等. 增压柴油机活塞内冷油道对热负荷影响的研究 ［J］. 内燃机工程, 2015.

［108］李婷, 俞小莉, 李迎, 等. 基于有限元法的活塞 – 缸套 – 冷却水系统固流耦合传热研究 ［J］. 内燃机工程, 2006, 27(3).

［109］谭建松, 俞小莉. 高强化发动机活塞冷却方式仿真 ［J］. 兵工学报, 2006, 27: 97 – 100. DOI: doi: 10.3321/j. issn: 1000 – 1093. 2006. 01. 022.

［110］李迎, 陈红岩, 俞小莉. 流固耦合仿真技术在发动机稳态传热计算中的应用 ［J］. 内燃机工程, 2007, 28（4）: 19 – 22.

［111］白敏丽, 丁铁新, 吕继组. 活塞组 – 气缸套耦合传热模拟 ［J］. 内燃机学报, 2005, 23（2）.

［112］周龙, 白敏丽, 吕继祖, 等. 用耦合分析法研究内燃机活塞环 – 气缸套传热润滑摩擦问题 ［J］. 内燃机学报, 2008, 26（1）.

［113］Bhagat A R, Jibhakate Y M. Thermal Analysis and Optimization of IC Engine Piston using finite element method ［J］. International Journal of Modern Engineering Research（IJMER）, 2012, 2（4）: 2919 – 2921.

［114］宁海强, 崔宇峰, 黄兴华, 等. 高速柴油机活塞热负荷仿真与结构优化 ［J］. 机械设计与制造, 2014（5）: 195 – 197.

［115］宁海强, 孙平, 梅德清, 等. 高速柴油机活塞温度试验与热力耦合仿真 ［J］. 内燃机工程, 2014, 35（1）: 105 – 109.

［116］Hairong Z, Weizheng Z, Yanpeng Y, et al. Comparison of Turbulence Models for Multiphase-Flow Oscillating Heat Transfer Enhancement ［J］. Numerical Heat Transfer, Part B: Fundamentals, 2014, 66（3）: 268 – 280.

［117］朱海荣, 张卫正, 原彦鹏. 多相流振荡传热湍流数值模型的比较研究

［J］. 车用发动机, 2014 (6)：8 – 12.

［118］朱海荣, 张卫正, 原彦鹏. 考虑湍流模型差异的高强化活塞振荡冷却效果研究 ［J］. 内燃机工程, 2016, 37 (2)：78 – 82.

［119］曹元福, 张卫正, 杨振宇, 等. 封闭空腔中多相流振荡传热特性的数值模拟 ［J］. 化工学报, 2013, 64 (3)：891 – 896.

［120］王新, 刘世英. 活塞喷油冷却流动和换热特性的研究 ［J］. 小型内燃机与车辆技术, 2015 (1)：54 – 58.

［121］王新. 柴油机活塞内冷油腔换热特性的研究 ［D］. 山东理工大学, 2015.

［122］Wang P, Lv J, Bai M, et al. The reciprocating motion characteristics of nanofluid inside the piston cooling gallery ［J］. Powder Technology, 2015, 274：402 – 417.

［123］朱海荣, 张卫正, 原彦鹏. 改进的 VOF 方法对气液两相流振荡流动和传热计算的影响 ［J］. 航空动力学报, 2015, 5：005.

［124］曹元福, 张卫正, 杨振宇, 等. 活塞开式内冷油腔振荡流动传热特性研究 ［J］. 汽车工程, 2014, 36 (5)：546 – 551.

［125］曹元福. 高强化活塞振荡冷却强化传热研究 ［D］. 北京：北京理工大学, 2012.

［126］孙平, 胡玉平, 闫理贵, 李国祥. 活塞冷却油腔内流动的数值模拟 ［A］. 中国用户论文集, 2009.

［127］张卫正, 曹元福, 原彦鹏, 等. 基于 CFD 的活塞振荡冷却的流动与传热仿真研究 ［J］. 内燃机学报, 2010, 1：74 – 78.

［128］王任信, 陆健, 李国祥. 活塞喷油冷却流场数值模拟 ［J］. 现代制造技术与装备, 2010, (5).

［129］仲杰. 活塞喷油振荡冷却的稳、瞬态模拟计算及活塞温度场分析 ［D］. 济南：山东大学, 2012.

［130］Kleemann A P, Gosman A D, Binder K B. Heat transfer in diesel engines：a

CFD evaluation study [C] //The 5th International COMODIA Symposium on Diagnostics and Modeling of Combustion in Internal Combustion Engines. 2001.

[131] YIDING CAO, QIAN WANG. Thermal Analysis of a Piston Cooling System with Reciprocating Heat Pipes [J]. Heat Transfer Engineering, 1995, 16 (2): 50-57.

[132] Sander W, Weigand B. Shaker-based heat and mass transfer in liquid metal cooled engine valves [J]. International Journal of Heat and Mass Transfer, 2009, 52 (11): 2552-2564.

[133] Sander W, Weigand B, Beerens C. Direct numerical simulation of two phase flows in liquid cooled engine valves [C] //ASME 2005 Summer Heat Transfer Conference collocated with the ASME 2005 Pacific Rim Technical Conference and Exhibition on Integration and Packaging of MEMS, NEMS, and Electronic Systems. American Society of Mechanical Engineers, 2005: 441-450.

[134] 吴义民，徐传民，徐涛. 活塞内冷油腔及冷却喷嘴初步研究 [J]. 内燃机与动力装置，2009 (6): 15-18.

[135] Singh D, Premachandran B, Kohli S. Effect of nozzle shape on jet impingement heat transfer from a circular cylinder [J]. International Journal of Thermal Sciences, 2015, 96: 45-69.

[136] 周章根，马德毅. 基于 Fluent 的高压喷嘴射流的数值模拟 [J]. 机械制造与研究，2010, 39 (1): 61-62.

[137] Du C, Li L, Wu X, et al. Effect of jet nozzle geometry on flow and heat transfer performance of vortex cooling for gas turbine blade leading edge [J]. Applied Thermal Engineering, 2016, 93: 1020-1032.

[138] Narasimha R, Narayan K Y, Parthasarathy S P. Parametric analysis of turbulent wall jets in still air [J]. 1973.

［139］Monni G, De Salve M, Panella B. Horizontal two-phase flow pattern recognition ［J］. Experimental Thermal and Fluid Science, 2014, 59: 213 – 221.

［140］Pietrzak M. Flow patterns and volume fractions of phases during liquid-liquid two-phase flow in pipe bends ［J］. Experimental Thermal and Fluid Science, 2014, 54: 247 – 258.

［141］Pietrzak M. Flow patterns and gas fractions of air-oil and air-water flow in pipe bends ［J］. Chemical Engineering Research and Design, 2014, 92 (9): 1647 – 1658.

［142］Pietrzak M, Witczak S. Flow patterns and void fractions of phases during gas-liquid two-phase and gas-liquid-liquid three-phase flow in U-bends ［J］. International Journal of Heat and Fluid Flow, 2013, 44: 700 – 710.

［143］熊培友, 章健, 刘世英, 等. 发动机活塞销孔偏心对摩擦磨损影响的研究 ［J］. 内燃机工程, 2017, 38 (03): 117 – 122.

［144］陈延鹏. 活塞裙部结构研究及其对发动机性能的影响 ［D］. 淄博: 山东理工大学, 2016.

［145］Wang P, Liang R, Yu Y, et al. The Flow and Heat Transfer Characteristics of Engine Oil inside the Piston Cooling Gallery ［J］. Applied Thermal Engineering, 2017, 115: 620 – 629.

［146］杨强, 周进, 吴海燕, 等. 界面捕捉中耦合 Level-set 与 VOF 算法 ［J］. 航空计算技术, 2012 (2012 年 04): 14 – 19.

［147］廖斌, 陈善群. 基于 CLSVOF 方法的界面追踪耦合 ［J］. 中国海洋大学学报: 自然科学版, 2013 (9): 106 – 111.

［148］周文, 欧阳洁, 崔立营. 运动界面追踪的 CVOFLS 方法 ［J］. 工程数学学报, 2015, 32 (5): 697 – 708.

［149］Seider E. N. , Tate G. E. Heat transfer and pressuredrop of liquids in tubes ［J］. Ind. Engng Chem. , 1936, 28: 1429 – 1436.

［150］Geng Z, Chen J. Investigation into piston-slap-induced vibration for engine condition simulation and monitoring [J]. Journal of Sound and Vibration, 2005, 282 (3): 735 – 751.

[151] Hoffman R M, Sudjianto A, Du X, et al. Robust piston design and optimization using piston secondary motion analysis [R]. SAE Technical Paper, 2003.

[152] 朱君亮, 郝志勇, 郑康. 汽油机活塞二阶运动分析及优化设计 [J]. 浙江大学学报: 工学版, 2014 (2): 334 – 341.

[153] 雷基林, 申立中, 程丁丁, 等. 考虑热变形的活塞组件结构对活塞二阶运动的影响分析 [J]. 内燃机工程, 2012, 33 (2): 86 – 92.

[154] 杨靖, 张云飞, 王毅, 等. 强制冷却对活塞二阶运动和受力的影响研究 [J]. 机械工程学报, 2015, 51 (6): 148 – 154.

[155] 郭磊, 郝志勇, 张鹏伟, 等. 活塞动力学二阶运动的仿真方法与试验研究 [J]. 内燃机工程, 2009, 30 (6): 41 – 47.

[156] 王政, 唐建, 于旭东, 等. 活塞裙部型线对活塞系统二阶运动和摩擦功率的影响 [J]. 内燃机学报, 1999, 17 (4): 222 – 229.

[157] Hao Q, Wang Y Q. "The study on piston pin fatigue life prediction" [J], Mach Desig Manuf, 2011, 1: 129 – 131.

[158] Kortas J. From aluminium pistons to steel pistons in trucks and ships [J]. Mtz Worldwide, 2005, 66 (11): 23 – 25.

[159] Du S G, Gao M, Huai X B. Friction welding parameters and joint microstructure analysis of forged steel piston [J]. Welding & Joining, 2014 (4): 13 – 16.

[160] Du H W. Monosteel Is Expected to be Widely Applied in China Market [J]. Commercial Vehicle, 2016 (4): 70 – 72.

[161] Koszalka G, Suchecki A. Analysis of design parameters of pistons and piston rings of a combustion engine [C] // 2017: 00013.

[162] Liu J X , Wang Y , Zhang W Z . The Effects of the Cooling Gallery Position

on the Piston Temperature Field and Thermal Stress [J]. Applied Mechanics and Materials, 2010, 37 – 38 (1): 1462 – 1465.

[163] Wang P, Han K, Yoon S, et al. The gas-liquid two-phase flow in reciprocating enclosure with piston cooling gallery application [J]. International Journal of Thermal Sciences, 2018, 129: 73 – 82.

[164] Kong R, Kim S, Bajorek S, et al. Effects of Pipe Size on Horizontal Two-Phase Flow: Flow Regimes, Pressure Drop, Two-Phase Flow Parameters, and Drift-Flux Analysis [J]. Experimental Thermal & Fluid Science, 2018, 96: 75 – 89.

[165] Manasijević S, Radiša R, Brodarac Z Z, et al. Al-Fin Bond in Aluminum Piston Alloy & Austenitic Cast Iron Insert [J]. International Journal of Metalcasting, 2015, 9 (4): 27 – 32.

[166] Uthayakumar M, Prabhakaran G, Aravindan S, et al. Precision machining of an aluminum alloy piston reinforced with a cast iron insert [J]. International Journal of Precision Engineering and Manufacturing, 2009, 10 (1): 7 – 13.

[167] 苏道胜, 刘国强. 铝活塞耐磨镶圈（续篇5）[J]. 内燃机配件, 2004 (5): 23 – 26.

[168] 周杨, 李亚江, 苏道胜, 等. 高镍奥氏体蠕墨铸铁活塞耐磨环的耐磨性与热疲劳性 [J]. 内燃机与配件, 2016, 1: 12 – 15.

[169] 张亮, 原亚东, 孙志强, 李徐佳, 陈贺敏. 通道形状对活塞冷却油腔内工作流体阻力及流动特性的影响 [J]. 中国机械工程, 2019, 30 (11): 1322 – 1328.

[170] Abubakar A, Al-Wahaibi Y, Al-Wahaibi T. Effect of low interfacial tension on flow patterns, pressure gradients and holdups of medium-viscosity oil/water flow in horizontal pipe [J]. Experimental Thermal and Fluid Science, 2015, 68: 58 – 67.

[171] Saisorn S, Wongwises S. Adiabatic two-phase gas-liquid flow behaviors during upward flow in a vertical circular micro-channel [J]. Experimental Thermal and Fluid Science, 2015, 69: 158 – 168.

[172] Wang P, Han K, Yoon S. The gas-liquid two-phase flow in reciprocating enclosure with piston cooling gallery application [J]. International Journal of Thermal Sciences, 2018, 129: 73 – 82.

[173] Tien W, Kartes P, Toru Y. A color-coded backlighted defocusing digital particle image velocimetry system [J]. Experiments in Fluids, 2008, 44 (6): 1015 – 1026.

[174] 黄钰期, 陈卓烈, 胡军强, 李梅, 牛昊一. 活塞内冷油腔两相流振荡可视化模拟 [J]. 浙江大学学报 (工学版), 2020, 54 (03): 435 – 441.

[175] 周云龙, 陈飞, 孙斌. 基于灰度共生矩阵和支持向量机的气液两相流流型识别 [J]. 化工学报, 2007 (09): 2232 – 2237.

[176] 王振亚, 金宁德, 王淳, 王金祥. 基于图像纹理分析的两相流流型时空演化特性 [J]. 化工学报, 2008 (05): 1122 – 1130.

[177] Jorge L, Hugo P, David B, Nicolás R. Study of liquid-gas two-phase flow in horizontal pipes using high speed filming and computational fluid dynamics [J]. Experimental Thermal and Fluid Science, 2016, 76: 126 – 134.